悪魔のおしゃべり

恶魔对话

[日] 佐藤光郎 著

费晓东 译

人民东方出版传媒
People's Oriental Publishing & Media
东方出版社
The Oriental Press

如果别人给出的建议一听就能够明白的话，

那么这种建议没有什么价值，不听也罢。

"我想交个女朋友"
"我想成为大富豪"
"我想不做任何工作轻松自在地生活"

他怀揣着
任何人都可能抱有的
这些愿望，
他又和其他人一样，
可能无法完全实现这些愿望。

他是一名大学四年级的学生，
在他身上发生了一件
"与其他人都不一样的事情"，
那是发生在残雪融化、新绿萌发的
5 月札幌大街上的事情。

吱—吱—

世界上所有的事情都能够按照自己的意愿实现，知道操作方法的，只有恶魔。
……
赐给我力量吧!
暗黑能量!!

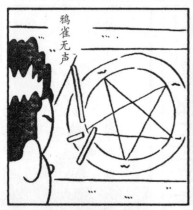

鸦雀无声

鸦雀无声

赐给我力量吧!!

我，这是在干什么啊……
今年就毕业工作了啊，现在竟然还相信这奇怪的书，
在屋里大声念着咒语。
现在，全世界使用"赐给我力量吧"这句话的，
估计也就我自己了吧……
什么鬼啊，还"给我力量"呢。

兵——
这个傻傻的样子要是被看到了，好不容易通过面试的公司，一定不会要我的。还是好好工作吧。
"改变现实的魔法"这种超高难度动作，怎么可能存在。

暗黑能量入门

13年过去了。

第14年，突然有一天，

离薪脱工阶层

不是玩具!
不是你小子在呼唤本座吗!就在14年前的今天。

这是什么东西!玩偶竟然在说话?!莫非这是孩子们买的最新的玩具?

那时候,你还是大学生呢,你不是祈祷过,想有个对象、想有钱、一辈子不用工作也能好好生活。你还弄到一本书,书里说只需1秒钟就可以将这些愿望都实现。你还大喊"赐给我力量吧"。

咦?你在说什么呢?

什么啊,还想要个女朋友?我早就结婚了,都生俩孩子了啊。而且,比上学那会儿也有钱,也成功摆脱了工薪阶层的痛苦生活,现在自由地生活着。

ちっせ〜

更何况,还有比这些更……

什么事?

那本书，"1秒钟就可以实现梦想"，这就是用来吸引读者眼球的吧？

都14年了，你现在跑来跟我说"你的愿望都实现了"，你敢摸着良心说这话？"1秒钟"哪儿去了！

就连路边卖的那些成功法则的书，还说梦想需要2~3年实现呢。我可是完全凭自己的力量，实现梦想的！

你说的那些我早就忘了，更何况，到现在我都还没想起来有那么回事。你还让我做"恶人"的部下，绝对不可能！

我早说过，根本没等！

别发牢骚了。今天可是最好的时机。从今天开始，就让你做"恶人"的部下。让你久等了，是本座的错。

为什么讨厌"恶人"？你们人类，不天天想着"要做坏事"嘛！艺人婚外恋被拍，就要受到那么多的责骂，这就是你们做坏事的证据。
那就是"想做又不敢做"、一直忍着的那些人，羡慕敢于去做的人，所以才去责骂他们。

独家报道 婚外恋被抓现行

谁说是羡慕啊，那是因为违反了道德准则，所以才会受到责骂的！！

010

道德

道德？你们相信"道德"有什么好处吗？严格遵守父母、学校、老师教给你们的那些信条，后来过得相当幸福的人，你说个名字给本座听听！

那谁……
你突然这么问，我还真答不上来。大家虽然都在"忍着"、在"努力"，的确是看起来没那么幸福啊。

理由很简单。

因为到处都有宣扬所谓"正论"道德准则的人存在，有父母！也有老师！但是你大可放心，本座比起他们来，可以
1.更靠谱、2.更迅速、3.更简单地满足你们人类的那些愿望。

就这样，对世界上所有的
"老一套的教条"以及
"道德上的那些成功法则"
彻底厌倦了的这位青年主人公，
完全中了恶魔的圈套。

但是，在这里，我想先告诉你，
他上的那条船，驶向的地方，
不是地狱，而是天堂。

目　录

CONTENTS

> ※ 本书在文字表述上，做以下区分：能够看到的、切实存在的第一
> 人称，表述为"我"。看不到的、泛指的第一人称，表述为"wo"。

第 1 章

对所谓的"正论"，要心存质疑

你的痛苦,都来自所谓的"正论"

光 郎:"你要成为恶魔的手下"。

竟然若无其事地说出这种话,你到底是何方神圣?

恶 魔:不是什么神圣。本座是能量。确切地说是"能量的一部分"。

光 郎:本座?刚才,你说什么"本座"?

本以为后半句说的能量什么的,"那部分才是你说话的重点",结果你一句"本座",还真是喧宾夺主完全掩盖了后面那句话,破坏力很强啊!!竟然说"本座"??

恶 魔:本座,对自己一直是引以为豪的。对自己的存在的认识完全是自信满满的。因此,对自己完全没有必要使用贬低身份的词语。

你们称自己时使用的"我"这个词,还是好好查一下字典,了解一下到底是什么意思吧。

光 郎:字典?你竟然说查字典?

恶 魔:那又怎么样?有什么不妥吗?

光 郎:真有你的,你所谓的"本座"的用法要是真写进字典里,那你不就成了拿破仑了?

他不就说过"我的人生字典里，没有'神'这个词"？

恶 魔：你还真是啰里啰唆的。听好了，"我"就应该念作"底层"。也就是说，使用"我"的那群人就应该是用人。本座，不伺候任何人。本座是万物之主。

光 郎：好好好，咱先不说这些了。我怎么称呼你呢？称你为"能量的一部分"先生？这也太长了吧……

恶 魔：要不，你就叫"阁下"吧。

光 郎："阁下"？你说什么啊？称你为"阁下"？这可不行。好歹我也是有立场的好不!

恶 魔：立场？你有什么立场啊？

光 郎：我呢，除了小暮阁下以外，是不想再称任何人为阁下的……

恶 魔：真是理解不了你那套理论。小子，本座直接把你变成蜡人像!

光 郎：噢——! 真是想不到，你还是个这么给力的家伙! 小暮阁下的经典台词，你竟然能够脱口而出。那就顺便拜托您，把年龄给我变成十万零五十四岁吧（译者注：小暮阁下在一次电视节目中被问到年龄时，曾回答自己的年龄是十万零二十四岁）。

恶 魔：别蹬鼻子上脸。小心本座让你瞬间消失!

光 郎：阁下，你这威胁人的台词还真是吓人啊。看你这么小巧，又这么可爱，竟然能说出"让你瞬间消失"这种可怕的话……

恶　魔：小，并不意味着一定是"弱"。善，也不意味着一定就是"好"。**恶，也不意味着一定就是"坏"。**

光　郎：不对吧，"恶"不就是"坏"的意思吗？两个汉字的意思都一样。

恶　魔：当你认定某件事情是坏事的时候，你就会将其往坏处想，仅此而已。即便是"穷凶极恶"，也可以朝着好的方向理解。这样的话，你刚才说的"恶"，不就变成"善"了吗！本座倒想问问你，父母和老师教的要一辈子"行善"的大道理，要是有谁真的一辈子行善，他会真的幸福吗？

　　　　这个世界上，到处都是这些"正确的大道理"，但是这又如何呢？还不是怨声载道！这些所谓的"正论"是拯救不了世界的！**还不如说，正是这些所谓的"正论"，把世界搞得一团糟。**

光　郎：什么啊，你这都是歪理。怎么"正论"就把世界搞得一团糟了？

恶　魔：本座说的没错。正是这些"正论"，让你们人类天天活在痛苦之中。

　　　　举个例子，有个孩子偷了别人的东西。回到家后，他因为有罪恶感而感到痛苦。那你觉得，他为什么会感到痛苦呢？

光　郎：因为他没经得住诱惑，做了坏事。

　　　　他的修行还远远不够。

恶　魔：错！他之所以对"行窃之事"有罪恶感并感到痛苦，
　　　　是因为有人将"行窃是坏事"的想法强制灌输给了他。
　　　　之所以会心生痛苦，就是这个"正论"惹的祸。

光　郎：哈——？

恶　魔：**总是这些所谓的"正论"，被摆在前面。对这些"正论"**
　　　　深信不疑的你们人类也就只有痛苦的份儿了。

　　　　你们学的都是"恶魔的诱惑让人痛不欲生"，真是天方
　　　　夜谭。你们人类之所以受尽折磨，都是因为那些到处
　　　　宣扬所谓"正论"的人的存在。

　　　　有父母！也有教师！还有那些位高权重的人！

　　　　就在此时此刻，那些"正论"还在让你们人类苦不堪言。

光　郎：你这是强词夺理！"正论"才是让人受尽折磨的罪魁
　　　　祸首？

恶 魔： 没错。也正因为如此，想要消除"罪恶感"也非常简单。**只要学会质疑即可。**在责问自己为什么犯下错误之前，首先应该对自己心中一直抱有的那些"正论"进行质疑。

光 郎："要是有责备自己的闲心，先质疑一下'正论'！"阁下，这可是名言啊！就像某个女性哲学家说的那句"抛弃烦恼，静心思考"一样。但是，只是心存质疑，"痛苦"就真的能够消失吗？

恶 魔： 在你对"正论"进行质疑的一段时间里，痛苦会逐渐消失的。因为那些感到痛苦的人，无一例外，都是先信奉"正论"的。因此，在他们质疑的一段时间里，"正论"的根基会动摇。最终，作为"正论"的副作用的"痛苦"就会消失。

光 郎：**"正论"产生的副作用就是"痛苦"。**又是一句名言！也就是说，要是有人觉得"苦不堪言"，那就意味着在他的脑海里默默地持有某一个"正论"。

恶 魔： 正是如此。除了"正论"以外，没有什么会再让人类感到痛苦了。之所以"早起"会让人难受，是因为"绝对不可以迟到"这一"正论"在作祟。之所以坚持"痛苦的减肥生活"，还不是因为信奉"纤细的身材"才是"正论"。**如果感到痛苦，那必定是信奉了某个"正论"。**

这个命题是真理，无一例外。所以，越是正义感强的人，越容易陷入痛苦之中，这也真是够讽刺的。深信不疑地去坚持那些"正论"，可能到最后，就连在大街上走路都不敢了。

光　郎：原来如此，走在路上，一不小心还可能踩死一只蚂蚁呢。或许真是信奉的"正论"越多，人越容易陷入痛苦之中吧。

恶　魔：如果一直这样将这些"正论"信奉下去的话，你们将会一事无成。不敢动弹，不敢走路，甚至不敢呼吸。"想做的事情"当然也做不了。

还不只这些，会连自己"到底想做什么"都说不出来。

因为"善"的势力已经相当庞大，"正论"之网已经结满了大街小巷。自己的一个行为，可能触到哪一条"正论"已经无法预测。

只有极力保持沉默，否则"就会出事"。

只有极力保持不作为，否则"就会出事"。

你意识到了吗？这个世界上的"正论"已经数不胜数了。

听着，再问你一遍，让你们人类苦不堪言的到底是谁？

是"恶"吗?还是不断制造"正论"的"善"呢?

光　郎：感觉自己的价值观要被颠覆了。

恶　魔：那是好事。**一定要质疑!**质疑你之前学过的所有的东西。在学校里学的那些,真的都是正确的吗?父母的那些家教,都是为孩子着想吗?社会上的各种行为准则都是为了谁而制定的?是为了老百姓?还是为了有权有势者?**对所有被称为"正论"的东西,都要去质疑一番。**

光　郎：的确如此。规则,有时也许就是为了保护某些有权势者的利益吧。自己要是有了孩子,可能就会明白一个道理。"小孩子一定要早睡"这个规则,或许真是为了父母这一权势者而存在的,孩子早点睡了,父母才会有自己的自由时间。

质疑"正论"就是"恶"

恶　魔：只是对社会上的"正论"产生质疑,还是远远不够的。**重点不在外在世界,而是内心深处。**

　　　　已经受其困扰的事情。已经是自己深信不疑的事情。对这些事情的质疑是刻不容缓的。

光　郎：你是说,要对自己已经深信不疑的"正论"进行质疑?

恶　魔：是的。你的世界要想有所变化，必须从这一步做起。

从你对自己曾经深信不疑地坚持的"正论"产生质疑的那一瞬间，你的价值观将重获灵活性。

光　郎：有道理。最新的脑科学领域、量子力学等物理学领域的研究结果表明，"个人世界是由每个人自己的价值观所创造的"。

这也就是说，**我们未来的无限的可能性，实际上会被我们坚信的"正论"所剥夺。**

恶　魔：没错。"正论"让你们的个人世界变得更加狭隘。因此，只要你不是对"正论"深信不疑，那么任何事情都能放手去做。如果能将你脑海里所有的"正论"都抛到九霄云外，那么你们人类的字典里将不会存在"不可能"这三个字。反过来说就是，为了不让奇迹发生，你们人类才对"正论"深信不疑。

"不在空中飞来飞去"是——正论；

"不妄想一夜暴富"是——正论；

"生活中吃苦耐劳"是——正论；

"不妄想每天都发生奇迹"是——正论；

这些不都是你们主张的吗？

光　郎：仔细想想还真是这么回事。"正论"就是"不允许你做××"。为了不踩到蚂蚁这一"正论"，就要"不在大街上走路"。为了不给别人造成困扰，就要"不大声说话"。你坚信的"正论"越多,不能做的事情也就会相应地变多。

也就是说,**如果"正论"变得越来越少的话,我们能够做的事情也就越来越多。**

如果真能将"正论"彻底扔掉,那奇迹岂不是随时都可能发生!

恶 魔: "正论",剥夺了你们人类无限的可能性。而且,"正论"还让你们人类苦不堪言。所以,本座在这里断言:**现在你们人类所需要的,可以说就只有"恶"了。因为,所谓的"恶"就是要质疑你们所谓的"正论"。**能将你们人类从"正论"中解救出来的,就只有"恶"了。**"恶",是留给你们人类的最后一线生机!** 来吧,大声地说出来: 我要变成"恶人"! 高调地向世界宣告!

不能理解的领域里蕴藏着"新的可能性"

光 郎: 不过,这做法有点……怎么感觉是在被恶魔诱惑呢?

恶 魔: 本座,就是恶魔啊,有什么不妥?

光 郎: 是啊,我现在,不就是正在被恶魔所诱惑吗!! 太可怕了!!

恶 魔: 怕什么,你要害怕的话,等待你的就只有跟以前一样毫无变化的人生。从根本上讲，**一听就能够明白的建议也没有什么价值。**

光 郎：不知怎的，感觉这句话好高大上……虽然我还不大明白这句话的意思。"一听就能够明白的建议也没有什么价值"，似乎觉得自己能够领会到里面的意思。

恶 魔：**利用自己所知道的知识就可以解决的话，就叫"理解"。**

也就是说，"一听就能够明白的建议"，没有超出你自己已经拥有的知识范畴。那种建议，有任何的价值可言吗？

现在之所以"不幸"，是因为即便穷尽自己所拥有的所有知识，也无法解决某个难题，不是这样吗？

这时候，要是还去听那些"一听就明白的建议"，本座只能说你脑子也太不开窍了。你不是想改变现状吗？

那么，你所需要的正是那些难以理解的建议。

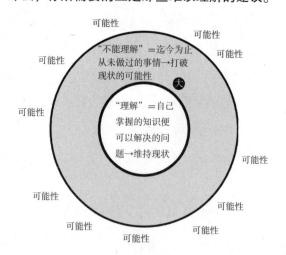

光　郎：听你这么一说还真是啊！一听就明白的建议，的确是
　　　　没有什么价值啊。为什么一直到现在，我听的那些都
　　　　是可以理解得了的建议呢？

恶　魔：因为你傻啊。听好了，今天本座就多给你讲一讲，作
　　　　为恶魔才能够知道的一些事实。

　　　　**"超越所有'正论'，创造奇迹的方法""宇宙诞生的
　　　　奥秘""可以实现自己所有愿望的方法""得到全世界
　　　　的财富和名声的方法""让痛苦和愤怒一瞬间消失的
　　　　方法"**。每一种"方法"，都是恶魔独有的做法。而且，
　　　　所有的方法没有一个是立刻就能够被理解的。但是，也
　　　　正因为如此，这些方法才显得弥足珍贵。一看就明白
　　　　的书，也没有什么阅读的价值。

光　郎：对"书"的认知也发生变化了啊。正如你说的那样，"一
　　　　看就明白的书，也没有什么阅读的价值"。

恶　魔：里面并不存在什么新的知识啊。因为你都能够理
　　　　解！**只有面对难以理解的话，人才会用心倾听。**

　　　　你们人类把能够理解的东西称为"正论"，把不能够
　　　　理解的东西定性为"不好"；不被社会所认可的势力
　　　　你们就称其为"恶势力"；经常做一些让父母不能理
　　　　解的事情的孩子就是"坏孩子"。就这样，处处被贴
　　　　上标签。

　　　　但是，这些做法都有问题。**他们仅仅是超越了你的"理**

解"，仅此而已。而且，正是他们超越的那些地方，才
有你进一步发展的可能性。

光 郎：……

恶 魔：来吧，你是不是已经做好了准备，来倾听难以理解的
"恶"的话题呢？

光 郎：天啊，来自恶魔的诱惑还真是难以抵挡啊……
不知不觉中，自己已经做好了倾听的准备……

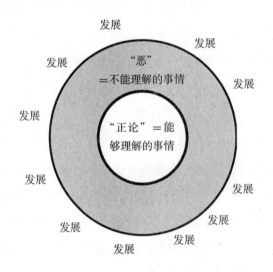

恶 魔：你可以慢慢来，先开始质疑那些"正论"。听好了，本
座要传达的信息很简单：

质疑"正论"！ 仅此而已，绝无其他。

如今，数不清的"正论"充斥着这个世界的每一个角落。

都是因为扩散 "正论" 的 "善" 的势力在不断地蔓延。所谓 "善" 的势力，就是那些对 "正论" 毫不质疑，只是机械地接受 "正论" 的那股势力。那么，所谓的 "恶" 就是，**质疑所有的 "正论"，并超越这些 "正论" 的势力的一个称号。**

光 郎：……阁下……我，决定变成 "恶"。

恶 魔：很好。

光 郎：其实，我之前也隐约觉得有些 "正论" 其实并不正确。

恶 魔：不错，你骨子里有 "恶" 的潜质。也正因为此，本座才在这里跟你聊着呢。而且你还是个作家，拥有很多的读者粉丝。**广泛传播 "恶"**，你是再好不过的合作者了。会有很多人在读了你的书后，开始怀疑 "正论"，社会或许会因此而改变。怎样，害怕吗？

光 郎：哪有，完全不害怕。因为我作为作家的中心议题就是——"质疑常识"。我之前的很多书，也都是让读者打破常识。这次，只不过是换成质疑 "善" 而已。阁下，我们合作吧！

咱们就签个恶沙条约吧（译者注：日语的 "恶" 读 "waru"，因此这里的 "warusyawa" 音同华沙的英语 "warsaw"）。

恶　魔：恶沙条约，有点意思。人类啊，你们也该清醒了！

　　　　发现"善"的错误！认识"恶"的精妙！最终要把所有的"善"的势力，从这个地球上彻底清除！

　　　　——正论——

　　　　将"痛苦"施加给人类的……

　　　　将人类的无限的可能性剥夺了的，正是"正论"。

　　　　这一刻，终于要到来了。将"正论"扩散至世界各地的那群人，他们反省的时刻终于要来了！这一刻，本座已经等了几万年了。本座会毫不保留地，都讲给你听。怎么样，做好心理准备了吗？

光　郎：阁下！没，没问题！

恶　魔：好的，从质疑之前所有人教你的那些"正论"开始，让我们踏上质疑之旅吧。啊——哈哈哈。

恶魔的喃喃私语

传统教导

要多多学习"正确"且能够理解的教诲！

一听就能理解的那些建议，

基本没有什么价值可言。

waiting...

第 2 章

人为什么生气

"恶人"，总是面带微笑

光　郎：阁下，上课之前，我有个事情想跟你说一下……

不过，你能不能答应我听了之后不要生气？

那什么，阁下，你那种"啊——哈哈哈"的笑，能不能改一改？不知怎的，让人觉得十分不爽。

恶　魔：放心，我没生气。你有什么不爽的，不如跟本座一起笑。啊——哈哈哈。**听好了，恶魔是不会生气的。**

光　郎：啊，听你这么一说还真是啊。说起恶魔，还真是有一种一直在笑的印象。而且是一脸的"坏笑"。

恶　魔：你想想看，对恶魔来说，没有要生气的理由啊。

腹黑的政客、坏心眼儿的大 boss、当官的……

不论是哪一派人，你觉得他们会动不动就大动肝火吗？

光　郎：越后屋的店主也是恶人，总是笑嘻嘻的，当官的也总是嘿嘿嘿地笑。**还真是！那些坏蛋总是在笑！**

恶　魔：反过来问你，你觉得总是生气、发怒的都是些什么人呢？

光　郎："好你个恶官！终于让我抓到你的把柄了！"哎呀，像这样，**发怒的好像都是"正义"的一方啊。**动画片里正派的主人公都会发怒。

光郎出门去吃午饭，他来到一家回转寿司店。

这家人气很高的连锁寿司店让光郎足足等了有半小时。好不容易才有了座位，但他等来的却不是自己点的金枪鱼寿司，而是康吉鳗寿司。此时，光郎的怨气一发不可收拾了。

光　郎：　我说，服务员！你能不能告诉我怎么才能将金枪鱼和康吉鳗搞错？没有一个字是相同的！让我等了半小时，你竟然还上错了，太过分了吧！

服务员：　先生，对不起，是我们没做好……您要是不介意的话，康吉鳗也放这儿了，请您享用。

光　郎：　你说什么啊，这里是回转寿司啊！你把康吉鳗这盘也放这里，最后付钱的不还是我吗！（译者注：日本的回转寿司，最后是根据顾客桌上的盘子数量、颜色等来结账的）赶紧把这盘康吉鳗给我端走！

人之所以发怒只因为一个原因

在自己点的"正确"金枪鱼寿司的盘子转过来之前，光郎的耳畔先传来了恶魔的窃窃私语。

恶　魔：　你觉得，人为什么会发怒呢？

光　郎：不是吧，你怎么都跟到这里来了。

恶　魔：不是问你原因，是让你想想它的机制。人在什么时候
　　　　容易发怒呢？

光　郎：当有人做一些让人无法理解的事情，并且造成了一定
　　　　的不良后果的时候会发怒。将金枪鱼和康吉鳗搞错，
　　　　这都能参评吉尼斯世界纪录了。

恶　魔：**大错特错。因为人们对对方充满了期待，所以才会
　　　　发怒。**

光　郎：什么？你是说，因为对对方充满了期待，所以才会
　　　　发怒？

恶　魔：没错。**所有的"怨气"，都是因为对对方充满期待才产
　　　　生的。**

　　　　你之所以会对服务员发火，是因为你觉得"对方是一
　　　　个不会将菜单搞错的优秀的服务员"，因为你对他是有
　　　　所期待的。你对等了半小时这件事表示不满，是因为
　　　　你心中已经期待着"这个点能够让我马上坐下就餐"。
　　　　孩子对没有给自己买来玩具的妈妈大哭大闹，是因为
　　　　他们心中期待着"妈妈会给自己买来玩具"。

　　　　**不管是什么事情，如果出现发怒的状况，那之前一定
　　　　有对对方的期待成分在里面。**

光　郎：虽、虽然我自己都觉得有点不可思议，但是我还是觉
　　　　得你说的有道理。**对方之所以生气，是因为对我充满**

了**期待**。但我还是觉得有点不可思议。

恶　魔：没有什么不可思议的，这个机制堪称原理。听好了，
再跟你说一个重要的信息。

**对对方充满期待的，正是你本人。因为"你"随随
便便地就对对方充满了期待。也就是说，所有的怨
气、责任都不在对方，而在对对方充满期待的你本
人身上。**

光　郎：是的，没错没错！厉害了，真是如你所说的那样！

之所以会有怨气，责任都在我这里！

恶　魔：自己随随便便地就对人产生期待，【①】

对没能满足自己愿望的对方，【②】

你自己又随随便便地开始发怒。【③】

从头到尾，都是你一个人在演戏。对对方来说，你就
是个麻烦制造者。正如你走在大街上，突然被外国人
一顿质问："**你为什么没穿武士的衣服！这里不是日
本吗？**"

光 郎：要是碰上那样的外国人，还真是倒霉。不过，你是在

说我每天都在做类似这样的事情吗？

我好像一直都是那种容易动怒的类型。

恶 魔：那是因为你对世界过于期待的缘故。

"对方不好"（＝对对方充满了期待）、

"同事不好"（＝对同事充满了期待）、

"社会不好"（＝对社会充满了期待）、

"世界不好"（＝对世界充满了期待）、

你 们 总 是 这 样，
将他人认定为"坏
人"，但是实际上
原因却不在人家
身上。是你对别
人的期待导致了
怨气的产生。

光 郎：听你这么一说，还
真是感到惭愧。尤
其是知道了人为什
么会产生怨气的真
正的机制之后，就
更加惭愧了。过
去，总是把怨气

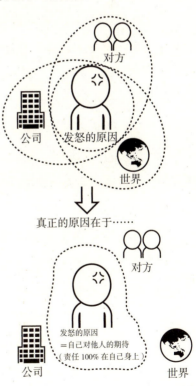

对方

公司　发怒的原因

世界

↓

真正的原因在于……

对方

发怒的原因
＝自己对他人的期待
（责任 100% 在自己身上）

公司　世界

产生的责任归咎于他人，实际上原因却在自己身上。

摒弃期待，怨气自会消失

恶　魔：告诉你一条让人受益的信息。

　　　　你改变不了对方的行为，但是你自己对对方的期待值是可以改变的。也就是说，你只要别对对方抱有任何期待就可以了。**这可是基于机制原理的愤怒管理应用，无一例外，适用于所有情况。对"任何人""任何事"都不抱期待的人，是绝对不可能心生怨气的。**没有了先入为主的"期待"，你就是想发怒都怒不起来。所以说，你们所谓的"恶人"总是在笑。**因为他们对社会就没有什么期待。**

光　郎：有道理。坏人的确是对他人没有什么期待。

恶　魔：对你们这些无聊的人类，恶魔没有任何期待可言。警察也好、英雄也罢，就是对神也没什么期待。**本座认为，世界上到处都是些无用之辈。**所以，对点的是金枪鱼端上来的却是康吉鳗这件事，恶魔是绝对不会发怒的。因为这就是你们人类经常会犯的错误。对此恶魔没有任何期待，反而会觉得这个错误还挺可爱的。"看吧，弄错了吧，哈哈哈！"就这样笑笑而已。

即便是等上半小时，也不会发怒。或者根本就不会在那里等，换个别的地方。不对这家店充满"期待"，哪里都一样。只要有的吃，哪里都一样。更或者说，不吃也可以。并不对"吃"这件事充满期待。吃不上的话，干别的也可以啊。

光　郎：真是大开眼界啊。**毫无期待的生活，竟然可以如此悠闲。**

恶　魔：另外，发怒的"正义"的化身总是对对方充满期待。他们总是觉得"你应该可以做得更好"，对对方充满期待，所以才会怒气冲冲。

他们总是对对方、对某个人、对世界充满期待。而且，他们还会朝着自己期待的方向，强行"改造"对方。**他们在试图改变这个无聊的世界。**

光　郎：听你这么一说还真是，人们的确是经常对什么人或事充满期待。

"愿世界和平！"（期待）

"愿世界再无恶魔！"（期待）

"愿世界充满幸福！"（期待）

"超越宗教观念，团结合一！"（期待）

眼前的世界并不是我们所期待的（"恶"），于是发怒，然后试图将世界变成我们所期望的模样。我明白了，"正义"的化身是在将世界强行染成他所期待的颜色啊。

恶 魔：很显然他们是做不到的。世界如此之大，**把整个世界都染成他们所期待的颜色是绝对不可能做到的事情**。就算是你自家的墙壁，也不能让你为所欲为。总是会跟其他人的期待发生冲突的。例如家里某个人可能就会说"我讨厌黑色"，提出反对意见。所以，**与其做着将世界变成自己期待的模样这样的白日梦，还不如立刻丢掉对世界的期待。**

立刻丢掉你手头有的"改造完美世界的设计图""实现美好未来的图纸"等。

不要对对方有所期待。不要对世界有所期待。**也不要对未来的自己抱有任何期待。**

对自己也不要抱有任何期待

光 郎：对未来的自己也不要抱有任何期待？

恶 魔：是的。所谓的"对方"，不是单指他人和世界，不是吗？**自己也是"对方"。**

美国的一个电视节目你看过吗？无人岛生存大挑战。

在一座无人居住的岛屿上，主人公竟然坐立不安。

除了他自己，"别无他人"，他竟然能怒气冲冲。这也说明了，他对"过去的自己""未来的自己"，以及"现在的自己"是有一定期望的，所以才会发怒。

光　郎：**自己对自己充满期待，然后自己对自己动怒？**

这不就是他一个人在演独角戏吗！感觉傻乎乎的。

恶　魔：你还说他，你不也是这样的吗！

光　郎：我要生气了。你刚才对"正义"的化身出言不逊也就罢了，竟然还对我恶言攻击，这是绝对不允许的！

恶　魔：你这话说反了吧。

"你对我恶言攻击也就罢了，决不允许你对 ×× 出言不逊！"人们不都是愤怒地说着这句台词吗！

你是看着日本的动漫长大的吗？这不是动漫里最常见的台词吗！你之前出版的那本书里不也有这句台词吗？

光　郎：不好意思，我比较健忘。

恶　魔：真拿你没办法……为了让你这个大傻瓜也能够听明白，本座就分三步来详细说明一下什么叫"对自己的期待"。首先，第一步。对**"过去的自己"的期待（＝后悔以及失望所致的怨气）**。

"我应该做出一个更好的选择的"，对过去的自己抱有这样的期待，导致现在心急火燎。也就是说，他在叫嚣着"要是那个我的话""要是那个厉害的我的话"，这岂不很可笑？一边说着"要是那个非常厉害的过去的我的话，应该会做出更好的选择的"，一边心里充满懊悔，这算什么？

唉……

不要随便给过去的自己戴高帽子！**过去的你和现在没什么区别，过去那个你也是个无可救药的人。**

光　郎：对、对不起。虽然说不好是为什么，我先代表人类向你道个歉。

恶　魔：然后，第二步。对"未来的自己"的期待（＝与理想间差距太大所致的怨气）。

"未来的自己一定是住在豪宅里，过的是那种像玫瑰花一样绚丽多彩的生活"，对未来的自己抱有这样的幻想，但现在却住在廉价的公寓里，于是怒气横生，还不断抱怨着："这都是什么房子啊，空间这么小！我可是未来的公主啊，竟让我住这种房子，太无礼了！"

唉……

……

也不要随便给未来的自己戴高帽子！**未来的你跟现在一样，肯定还是个一无是处的人。**能够明白这一点，就不会对眼前廉价的公寓表示不满了。

光　郎：有道理。正因为"对未来的自己充满期待"，人才会活在当下的痛苦里。

哎呀，我又觉得心生歉意。我代表全世界做白日梦的人们向你道歉。

恶　魔：最后，第三步。对**"现在的自己"的期待（＝因焦虑所致的怨气）**。坐立不安，天天就想着："我在这种鬼地方干什么呢？""现在不是做这种事情的时候。""现在的自己应该要做其他更有意义的事情。""我不应该是个在这种无聊的地方做事的人。"

说起对"现在"充满不安情绪的生物，人类绝对是排在首位的。人，总是在探寻与现在不同的地方。探寻大脑里所描述的那个符合"非常厉害的自己"身份的地方。

不是"这里"，不是"现在"，为了能够找到一个符合自己身份的地方，人类总是焦躁不安。听好了，本座讲最后一个关键点。吸气……呼气……

此时此地已经足够了！

对一无是处的你来说，此时此地已经足够了！也就是说，对"现在的自己"也不要抱有任何期待！**没有比此时此地更适合你的地方了。**

光　郎：对"过去的自己""现在的自己"以及"应该是这个样子的现在的自己"都不要抱有任何期待啊。

恶　魔：没错。对"自己"有所期待，才会发怒。要想像恶魔一样总是面带微笑的话，就不要抱有任何期待。**不对自己、他人、世界抱有任何期待。**

光　郎：你说的这个人为什么会生气的机制，我越听越觉得责任都在自己身上。责任在自己，自己还在发怒……
　　　　我们为什么会成为这种自杀式的体质呢？

恶　魔：这也是所谓的"正论"导致的。"善"的一派势力在不断地向你们灌输着："世界上有无数的优秀人才""明天会变得更加美好""未来的世界会像玫瑰花一样绚丽多彩"，等等。

　　　　也就是说，你们被诱导着不断产生期待。但是那些都是错误的。

　　　　世界上到处都是些无用之辈。他们跟你完全一样。无聊的人类，左邻右舍，或再往远一点，熙熙攘攘地聚在一起，世界就是这个样子而已。

　　　　优秀的人类，根本就不存在。优秀的"自己"，当然也不存在。

　　　　在这个无聊的世界上，一群无聊的人，与无聊的自己，一起过着无聊的生活，仅此而已。

　　　　这个无聊的星球，你不觉得非常好笑吗？啊——哈哈哈。

此时，刚才那位服务员端着寿司慌慌张张地跑了过来。

服务员：您的鸡蛋寿司，让您久等了！

光　郎：不是吧，我自己在心里都笑了。**对对方不抱有任何期待，自然就没有什么怒气可发。**

我说，这位服务员，我点的是金枪鱼，这次竟然弄成了"鸡蛋"……是不是受了刚才的"康吉鳗"的影响啊。也是，"康吉鳗"（译者注：日语读音 anago）与"鸡蛋"（译者注：日语读音 tamago）发音的确有点像。这也是进步！起码是比"金枪鱼"（译者注：日语读音 maguro）的发音要像！但是，点错了还是不大好！算了，你放这吧，这盘寿司我要了。我工作时也经常犯错。

　　无可救药的服务员端来的这盘鸡蛋寿司，让光郎觉得比他所期待的金枪鱼更好吃。要是世界上所有的事情都如自己所期待般进展的话，人生还有什么乐趣呢？

　　大学时代，去看电影之前，喜欢乱操心的朋友硬是把故事情节给光郎讲一遍，结果导致他没能好好欣赏那部电影。回想着那个寒冬的电影院门口的一幕幕，光郎饱餐一顿后离开了寿司店。

光　郎：让我想想，是谁来着？是谁硬把电影的内容给我讲了一遍来着……似乎是一个跟我关系很好的朋友来着……我记得那部电影是《黑客帝国》……

恶　魔：想不起来的事情，没有必要去想它。**扔掉所有的期待，好好生活。**

光　郎：是啊，对过去的记忆也不能抱有期待是吧。反正记忆大多数都是编造出来的。顺便问一下，对人类和世界完全不抱期待的阁下，在您眼里"世界"是什么样子的呢？

恶　魔：**每天都有开心的事情发生。"想这样做""这样做才是对的""要是能那样就好了"，像这样的期待一个都没有。** 因此，每天发生的所有的事情都是新鲜的。你们人类的电影还是黑白色的吧？"白色（正论）"和"黑

　　　色（恶）"分得清清楚楚。**本座的电影已经超越了黑白，**
　　　是彩色的。

光　郎：想必，你的电影里放映的一定是绚丽多彩的世界吧。因
　　　　为在超越了黑白的世界里，一定不会存在"恶人"吧。

恶　魔：至少是不会存在什么"怨气"。

　　　　啊——哈哈哈。

　　光郎扔掉了所有的期待与"正论"，并且也不再对恶魔的
笑声感到在意了。他回到家，很早就躺在了床上。

　　外面还挂着黄昏的斜阳，光郎也不在意"正确"的睡眠时
间了，本能地进入了梦乡。

　　而且，一觉醒来后要面对的"明天"，光郎也没有了任何
期待。这种状态，似乎有些不妙……

恶魔的喃喃私语

传统教导

运用情绪管理方法，有效控制愤怒，首先你应该生气后先忍6秒，从而自然地……

不对对方抱有任何期待！

阁下的
瞬间消除怨气的方法

焦躁不安时，面对怨气立刻大声念出下面的这3句咒语！

"什么？问我为什么发火？"

"因为我随随便便地就对你充满了期待，你这混球！"

"现在，我正在自爆中，你这混球！"

将这些咒语重复念3遍，怨气就会马上变成微笑。

平时多练习一下这3句咒语，为了能够在你产生怨气的时候，能够马上说出这3句咒语，你最好把它们背下来。

①发怒；②咒语马上浮现于脑海；③立刻变为大笑。

就这样，现实也会变得一片光明。不光是对他人，当自己焦躁不安时也可以大声念出这3句咒语。

例如，交通堵塞让你感到焦躁不安，这正是因为你自己想着"国道36号线，绝对不会堵车"，你对国道抱有这样的期待。此时，你可以在车里大声念出这3句咒语。

"什么？问我为什么发火？"

"因为我随随便便地就对你充满了期待，你这混球！"

"现在，我正在自爆中，你这混球！"

waiting...

第 3 章

人类西装

时光倒流是可能实现的

睁开蒙眬的睡眼，一直开着的淋浴的水声进入"我"的耳内。

光 郎：这是谁干的，浪费水资源。一定是小孩子们在恶
　　　　作剧……

光郎将淋浴关掉，回到床上坐下了。

光 郎：啊……不对啊？我刚才说什么了？我说了"孩子们"？
　　　　我还是大学生啊，怎么会有孩子呢!……

我是在做梦吗？我这是做了个什么梦啊？本来记得很清楚，但是梦中的情景一点点地消失了……好像是在冲绳，在一个非常热的地方，和一个人共同生活着……

可窗外，分明还是一片积雪的世界啊。看来还是做梦，这就是北海道，就在我的房间里啊。

恶　魔：让你久等了！

光　郎：啊！！救、救救救命啊！！！这、这是怎么回事！！！你、你个怪物竟然在说话！！救命啊！！

恶　魔：什么啊，现在是 2017 年，是不是把本座当成了一个"会说话的玩偶"了？这个时代，玩偶开口说话那可是天方夜谭，所以你才这副表情啊。总之，久等了！

光　郎：我、我我我可没等你！你、你到底是何方神圣？我、我、我难道来到了另一个世界？

恶　魔：本座还想着，未来的记忆会持续一段时间呢。没想到3 分钟就消失得一干二净……

听好了，"2017 年的你"，今早，进入了 "2003 年还是大学生的你" 的身体里，以一个新的 "我" 醒来。但是，未来的你的记忆却都消失了。

光　郎：什么？未、未来的我，进入了我、我自己的身体里？你这是什么科幻小说啊？还是什么整蛊游戏？

恶　魔：不是整蛊，也不是科幻，是物理学。跟你说，**那些物理学家根本就不相信 "时间" 这一概念。**

光　郎：不、不相信 "时间"？

恶　魔：是的。**所谓 "时间"，就是运动前和运动后的变化。**

例如，"覆水难收" 这个成语。它的意思是不是说，从杯子里洒出来的水是不可能再回到杯子里？

光　郎：是啊，时间是不可能倒流的。

恶　魔：但是物理学家们对这个成语，可是只有嘲笑啊。因为对他们来说，覆水可收。在运动方程上，"水从杯中洒出" 这一运动、"将水收回杯中" 这一运动，只需改变矢量的方向都可轻松实现。但是，在现实世界里，洒出来的水自己回到杯中这一现象还是不可能实现的。

光　郎：要是真发生那种事情，也太可怕了吧。

恶　魔：那有什么可怕的！物理学家们反倒是在思考，**物理学**

上是可以实现的，但是为什么时间却只朝"一个方向"单向前行，这才是难以理解的。

他们会反问，为什么会是这样的一个不可思议的"现实"世界？其实，原因很简单。**因为他们坚信时间的流向是"正确的"。**

光　郎：时间流向的"正确性"？

恶　魔：是的。他们对时间流向只有这一个"正论"是坚信不疑的。

　　　　他们坚信"过去→现在→未来"这个方向是"正确"的。

　　　　但是，就在2017年，对各种"正论"开始产生质疑的你，放弃了对时间"正论"的坚持，只有那样，才能够体验到，被视为"正论"的"→"之外的"←"这一方向的存在。实际上，这是任何人都可以做到的事情。

光　郎：你是说，未来的我，相信了"时间可以逆流"这个说法？

恶　魔：**爱因斯坦曾经说过"时间就是幻觉"。**他对在学校里学

到的"正论"产生质疑，并凭借自己的思考解读运动
方程，进而到达了那样一种境界。就像未来的你一样，
对所有的"正论"产生质疑。

光　郎：竟然说什么"世上不存在时光机真是让人匪夷所思"，
物理学家们比科幻作家还疯狂。

恶　魔：正是因为对世间的这些所谓的"正论"持有质疑的态度，
才能够成为一名物理学家。

光　郎：总之我还是难以相信，什么"未来的我"进入了"过
去的我的身体"里，以一个全新的"我"醒来？

恶　魔：没错。

光　郎：那你到底是谁啊？

恶　魔：你可以暂时称本座为**超越"正论"所需的力量**。没有
本座在旁边，你是不可能超越有关时间的"正论"的。

光　郎：这么说来，你在我旁边我就能够穿越时空？"哔哔哔"
按几下把你设定好，我就能够回到未来的那个我？

恶　魔：只要你质疑世间的"正论"，并能超越时间的"单方向"
理论就能够如愿以偿。**一个人，如果他的脑海里没有
所谓的"正论"，那么，对他来说没有什么事情是不可
能的。**

光　郎：你是机器猫吗？

恶　魔：本座是恶魔。你可以称呼本座为阁下。

光　郎：阁、阁下？这可办不到。

恶　魔：除了小暮阁下，你不愿意称任何人为阁下，对吧？

光　郎：为、为什么你知道我下面要说的这句玩笑话？

恶　魔：什么啊，原来这只是个玩笑啊。本座当时还真以为你是圣饥魔Ⅱ的铁杆粉丝呢。

光　郎：怎么会！我喜欢的是朋克或者硬核音乐，讨厌重金属音乐，尤其不喜欢视觉系。

恶　魔：有什么区别吗？不都是些吵闹的音乐吗？

光　郎：哈？完全不一样好吧。以街头音乐为起源的硬核音乐，不会对音加以装饰，也不会化妆，但是重金属……

恶　魔：都一样啦。"2017年的你"和"2003年的你"，在本座看来，没什么区别。

　　　　话说，你酒醒了吗？

光　郎：啊，昨天……醉得一塌糊涂，半夜回来的。车、车还在吧？

天啊，这车停的，都歪成什么样了啊。旁边的停车位都没法停车了。路上都是雪，我竟然没出车祸把车开回来了。这就厉害了。而且，还没被交警逮着，太幸运了。

恶　魔：真想让 2017 年的你好好听一听这番话。

都这副模样了，还"一个劲儿地夸自己"，说自己"幸运"。你要是真的成长了的话，这时候应该觉得"我做错了"，有负罪感并感到心痛。

光　郎：什么啊，莫非未来的我变得这么一本正经? 真是老土。

恶　魔：那是因为你对"正论"一直深信不疑。

人类误解了"许愿的方法"

光　郎：头真疼，昨天喝太多了。那帮家伙真是胡来，卡拉 OK 的服务员刚把酒放下，他们就一口闷，直接将酒杯什么的放回服务员上酒的盘子里，说什么这是对人表示谢意。还有那家卡拉 OK 也是，酒水自助竟然有红葡萄酒，控制不住自己啊。真是，一点儿记不起来发生过什么。

恶　魔：你人生中失去记忆的日子，就只有昨天。

光　郎：对啊……自己喝得大醉这件事记得很清楚。昨天的其他事情怎么就完全不记得了呢。为什么早晨起来，淋浴是一直开着的呢？

恶　魔：喝醉酒在卡拉 OK 店里大闹一番，还酒后驾驶，一路飞奔回家。按下电梯的按钮，在完全不清醒的状态下进入家中，打开空调。而且为了不让嗓子干燥难受，将淋浴打开。做完这些事正好也没力气了，就倒头睡了 8 个小时。

你最好到外面去看看煤气阀。

光　郎：为什么要看煤气阀？

恶　魔：长时间不间断地使用煤气，超过一定量了啊。不都装有自动感知是否漏气的装置吗？煤气阀应该已经自动关闭了。

光　郎：噢，你还真是什么都知道啊。那你教教我怎样做才能让女生喜欢我吧。还有，光玩儿就可以生活的方法，一辈子不用工作那种……

啊！

恶　魔：想起什么来了吗？

光　郎：昨天，去卡拉 OK 之前，我大喊了一声"快来吧"，什么事也没发生，然后我就去卡拉 OK 了。傍晚，我在旧书店里买了一本叫作《暗黑能量入门》的书！对啊，一定是我把你召唤来的。

太不可思议了！暗黑能量还真的存在啊！

那，你快实现我的愿望吧。1秒钟就可以都实现吧？"我想有个对象""我想成为有钱人""我不想工作"。来吧，全部都给我实现，尽情地给我实现吧！

恶　魔：**所有的愿望都已经实现了。**

光　郎：嗯？什么意思？啊，你是说这些未来的我都实现了吗？ 2017 年的我，有女朋友，而且还是个有钱人吗？

恶　魔：不是那个意思。**就在现在，你的愿望已经实现了。**你的愿望是"想有个女朋友"是吧？

正如你所愿，【想有个女朋友】不是已经实现了吗！因为，**就在现在，你在想着交一个女朋友。**

光　郎：你在说些什么呢？完全不懂。

恶　魔：已经结婚了的 2017 年的你，一定会立刻明白的。你会感慨，要是能回到过去，我一定能够实现**"想有个女朋友"的这样梦想的体验。**那时候的我，**每天都能够实现"想有个女朋友"的愿望。**打扮得很时尚，去酒吧要到女生的手机号。在大街上尽情地搭讪，直到天亮。

你会感慨，那时候的生活真是太好了。因为所有的这些，都是你"想有个女朋友"这一愿望的体验。你天天想着"我想有个女朋友"，就在你面前，"我想有个女朋友"这个愿望就在不断地成为现实。

光　郎：哈？ 10 年后的我要是体验了"现在的我"，我会高兴地大喊："太棒了！'我想有个女朋友'，每天都能实现！"你是认真的吗？要是那样的话，我一定会揍一顿10年后的那个我。根本没有实现好吧！

恶　魔：在"我想有个女朋友"这样的许愿方式里，只存在一个【我想有个女朋友的现实】。

其中的缘由，只要你好好学习这个世界的机制，总有一天会明白的。

今天的你，仅仅是搞错了"许愿的方法"。简单地说，你们生活的这个世界，就是为了能够实现各种"体验"而存在的。

只要你许下愿望"我想有个女朋友"，那么你的这个"体验"就可实现。实现的就是你的"我想有个女朋友"这一体验。所以呢，越是天天祈祷"我想有个女朋友"的人，越是交不到女朋友。因为"我想有个女朋友"，如你所愿，已经实现。

光　郎：好像听懂了，但是又似懂非懂……

我是不是正在被你洗脑？那，我的那个"我想成为有钱人"的愿望又如何呢？你不是只要1秒钟就可以实现别人所有的愿望吗？来吧，让我实现这个愿望吧。来吧，尽情地让我实现愿望吧。

恶　魔：不是说过吗，那个愿望也已经实现了。只要你祈愿"我想成为有钱人"，"我想成为有钱人"就能实现。打工、玩老虎机、买彩票。看着自己那空空的钱包叹口气，祈求父母给你汇点钱。你每天的生活里，"我想成为有钱人"不都有实现吗？

光　郎：你说的这些，我都明白了。这不就是"人类西装"吗！

恶　魔："人类西装"是什么东西？

光　郎：是我跟朋友加代流同学一起想到的。我们想：如果有台机器，能够让我们进入别人的身体里，岂不是很爽？

能够进入任何一个人的身体里，并且能够享受那个人的"人生"，哦，梦幻般的机器！

早晨醒来，从睁开眼睛的那一刻开始就是那个人的"人生"。例如，要是进入了比尔·盖茨的身体内会怎样？**会超级有钱，能够体验超级棒的一天！**

要是进入了埃尔维斯·普雷斯利的身体内呢？

就能够体验到被世人喜欢到连自己都发愁的那种生活了！可以体验到"某一个人的人生"这样一个梦幻般的机器，这就是我们想的"人类西装"。世界上的任何一个人，都像一件西装一样，我们可以穿在身上。

恶　魔：虽然有所不同，但是你说的这个技术在未来是真实存在的。

光　郎：是吗？果然是可以实现的啊！永田老师说过，那叫作平行宇宙理论。也就是量子力学的多宇宙理论！平行世界！

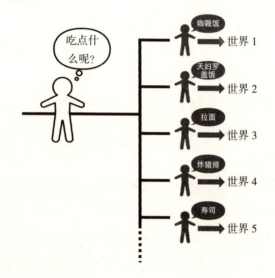

恶 魔：永田老师是谁？

光 郎：我们研讨课的老师，教给我们很多有趣的知识。宇宙外世界、量子力学、暗物质及反物质等。

那家伙最厉害的地方就是，完全不提计算公式，总是说"这些观点都是物理学最新研究成果"，只给我们讲一些理论的东西。

恶 魔：你竟然喊老师为"那家伙"。

光 郎：永田是不会因为那点小事情就生气的。**不是说老生气的人最逊吗？**

恶 魔：我是多么希望让现在的你跟 13 年后的你见上一面啊。

光 郎：为什么？ 13 年后的我不会是很逊的那种吧？

此时，门外传来一阵急切的门铃声。

健 次：喂，光郎。

去学校了！赶紧起床！你毕业学分修不满了！

唯有不幸，才能让你"幸福"

光 郎：干什么啊！我不是说过好多次了吗，不要一个劲儿地
按门铃。你以为自己是高桥名人啊。（译者注：高桥名
人是电玩名家，当年曾以 1 秒钟连续按键 16 次而被称
为"16 连射"。）

健 次：是我把你叫醒的好吧，至少说声"谢谢"啊。

光 郎：我早就醒了。

健 次：哎，太阳打西边出来了啊。你这屋子怎么回事？跟蒸
桑拿一样，雾气腾腾的。

光 郎：一直到我早晨醒来，好像淋浴一直是开着的。我脑子
里一片空白。

健 次：你昨天唱完卡拉 OK 之后，也是一番折腾。比昨天的
主角加代流还闹腾。

光 郎：啊，不是吧！昨天我们不是为了安慰加代流，才一起
去 K 歌的吗？

他还想着和玲子重修旧好，我看是没戏了，谁让他脚
踏两只船来着。

健 次：但是，加代流好像是第一次被女生甩，一直发牢骚呢。
你们几个在唱歌的时候还在大喊着什么"神啊，我想
和前女友复合"。就连你和真人都搭着肩膀，跟他们一
起喊呢。真人那小子不是有女朋友吗！

光 郎：太疯了，真人也跟着闹……

咦？健次，等、等等！**加代流的愿望，已经实现了啊！**

健 次：你说什么胡话呢？他们并没有复合啊，至少到今天凌
晨 3 点那会儿还没复合。

光 郎：不对，昨天那时候就已经实现了！就我们之前说的那
个"人类西装"！

健 次：就是你跟加代流提的那个妄想西装？就那个，世界上
任何一个人的一生，我们可以尽情享受一天的理论？

光 郎：是的。你这样想想看，有一个人，他有一个愿望就是
"我想和前女友复合"。

健 次：那不就是加代流吗？

光 郎：**不对。是有着"我想和前女友复合"愿望的那么一个
人**。可以是未来的某个人，也可以是外星人。那个人
要想实现自己的愿望，只要穿上昨天的加代流就可以

了。那样的话，"想和前女友复合"的愿望便可实现。**"想和前女友复合"的那个人，只要穿上"加代流"**这个人类西装，他就能够体验到，**会是一种什么样的心情，会采取什么样的行动，会是一个什么样的现实。**

健　次：你等会儿，你是想说，昨天有谁穿上了"加代流"吗？说什么啊，太可怕了。

　　　　话说你的房间就像有恶魔要出来一样，乌烟瘴气的。

光　郎：别往我身上靠，俩大老爷们儿，真是的。

健　次：不过说真的，昨天的加代流，我总觉得怪怪的。好像被什么附体了一样。

　　　　咦？光郎。不对啊，你今天也怪怪的啊。现在，是不是有谁正穿着"你"啊？

光　郎：我的事无所谓了，我们在说昨天的加代流。健次，你刚才说到了一个很关键的点。也就是说，**为了能够实现"想和前女友复合"的愿望，只需要满足一个条件**就可以了。你知道是什么吗？

健　次：只有一个条件？加代流变得更帅？还是，好好反省自己脚踏两只船这件事？

　　　　我知道了，应该是改变他前女友玲子的想法！

光　郎：都不对。你说的那些都无关紧要。为了能够实现"想和前女友复合"的愿望，只有一个，而且是绝对不可或缺的条件。**那就是，"现在，已经与恋人分手了"。**

健 次：什么啊？

光 郎：你想啊，真人他就没法实现这个愿望。因为真人他正
　　　在和自己的女朋友交往啊。有女朋友的他，再怎么许
　　　愿"想和前女友复合"，也没法让他实现啊。

健 次：的确无法实现。因为他有女朋友。有女朋友的人无法
　　　谈复合啊。

光 郎：所以说，为了能够实现"想复合"的愿望，唯一的一
　　　个必要条件就是**"现在，已经与恋人分手了"。**

健 次：原来如此，就像蓝色之心（译者注：日本著名朋克乐
　　　队 The Blue Hearts，现已解散）的歌一样。有首歌里面
　　　有这样一句歌词——"我的右手要安放到哪里"。昨天
　　　在卡拉 OK 里，我们还在吐槽：没有右手的人估计唱
　　　不了这首歌。

"愿望"与"实现愿望的必要条件"之间的关系

你的愿望	实现愿望的必要条件
想与分手的对象复合	现在，已经与对象分手了
想去泡温泉	现在，没有泡在温泉里
想辞掉现在的工作	现在，正在公司上班

光 郎：这事我一点都不记得了！

健 次：那首歌还是你唱的呢！唱完你还说：**"有右手的人，就
　　　是说'我想有只右手'，这个愿望也没法实现。因为，**

看，右手就在这里。我是你们的光郎。"

你一边说着，一边放下了右手拿的麦克风。然后大家
笑成一片。

光　郎：我们的笑点还真是低得可怜啊。

健　次：大家当时的状态是，无论你说什么都会笑的。因为大
家已经醉得一塌糊涂了。

光　郎：健次，你说要是有右手的人，他就是许愿说"我想有
只右手"的话，"神啊！不论怎样，'我都想有只右手'，
请一定实现我这个愿望！"真要有这样的人的话，该怎
么办呢？

健　次：要是无论怎样，都想实现"想有只右手"这一愿望，那
首先需要把他的右手卸下来吧，不是只能这样做吗？

光　郎：的确是那样。为了能够实现自己的愿望，**"那个愿望尚
未实现这样一种状态"是绝对必要的条件。**

正因为愿望还没有实现，所以才能够"实现梦想"。

……

等会儿……

要这么说的话……

**如果许愿"我想变得更加幸福"，为了能够实现这个愿
望，也就是说现在摆在他面前的是"现在不幸福"的
这样一个现实世界……**

对啊，刚才那位阁下，就是把这个道理叫成了错误的

"许愿机制"。

……

正因为许愿"我想成为有钱人",摆在面前的便是"没钱的现实世界"。正因为许愿"我想变得更加优秀",摆在面前的便是"一点都不优秀的自己"。

为了能够实现大人的愿望,为我们准备的是愿望尚未实现的眼前的"现实"。而且,只有其本人没有意识到"愿望已经在眼前成为现实"这一机制。

……

健次,你的梦想是什么?说不定在你身上同样存在,某个人正穿着"健次"的可能性啊。"某个人"进入到你的身体里,他在享受着你的人生,这也就意味着**他在追求只有穿上你才能够体验到的生活**。你的梦想是什么来着?

健 次:我啊,"想在武道馆开演唱会"。

光 郎:很好,只要穿上"健次",梦想便能成为现实。

健 次:什么?穿上我,就能够在武道馆开演唱会吗?

光 郎:不是,是"想在武道馆开演唱会"这个愿望能够实现。只要穿上你,就能够实现这梦一样的体验。练习弹吉他,练习唱歌,要来武道馆的介绍手册。

那个人因为穿上了健次,"想在武道馆开演唱会"的愿望就得以实现了。也就是说,健次你作为人类西装,也已经被别人穿上了。

健 次：我也被穿上了？照你这么说，**不但是我们几个，世界上所有的人，作为人类西装，都在被某个人穿着，**可以这样理解吧？

因为世界上的所有人，在他们面前随时都会有某一个"体验"在成为现实。

许愿说"我想成名"的人的面前，"想成名"的愿望已经实现。

许愿说"我想有个女朋友"的人的面前，"想有个女朋友"的愿望已经实现。

无一例外，所有人的面前各种愿望随时都在成为现实，但是我们本人对这些事却毫无察觉，而且还都在抱怨"自己的愿望完全没有实现"。

但是，**如果想到自己正在被某个人"穿着"的话，我们就能够体会到这个事实，即在我们面前，自己的各种愿望在不断地成为现实。**

光 郎：世界上所有的人，作为人类西装实际上都在被人穿着。

这怎么听起来跟演电影一样。要是这么想的话，那么，**地球就是为了实现"某一个人"的愿望才存在的吗？**

健 次：或许真是那样。总之，**毫无疑问地说，我们仅仅就是一件人类西装。**因为，人类每天晚上必须要睡觉，不是吗？我一直觉得这个事情很蹊跷。因为，**不管你是什**

么样的人，一定都要睡觉，这是为什么呢？你不觉得很奇怪吗？

我想，那是因为我们在睡觉的时候，自己这件人类西装被别人脱下来了。外星人也好，未来的人类也罢，他们会在那个时间暂时退出游戏。

光 郎：有道理。到了第二天早晨，他们又会穿上别的人类西装……

通过"睡眠"这个程序，将记忆清空。

健 次：对啊，清空按钮就是"睡眠"啊。

光 郎：**的确是，所谓的记忆，都是"现在"被制造出来的，因此，任何记忆都可以捏造出来。**

"昨天，也是我""前天，也是同一个人"，这些都仅仅是一个程序命令而已。我们只要准备好这样的数据，任何人，从穿上人类西装的那一刻起，他就只能想"昨天，也是我"。

健 次：也就是说，每天早晨起床后，故事就开始了。所以人，每天早晨都要起床。打开门，看到的还是与昨天一样的那条街，就像舞台的布景一样。

穿上放在舞台布景里的人类西装，"wo"的一天就启动了。于是，穿上人类西装后便可体验到无论怎样都想体验的"现实"。

因为有了人类西装，今天同样是，世界上任何一个人，

他们的愿望不断地在眼前变成了现实。

在"我想长高"的人的面前，"个子不高的现实"已经妥妥地备好了。于是，这一整天便能够体验到"我想长高"！

在"我想要个豪宅"的人的面前，"与豪宅完全不同的便宜的公寓"这个现实已经备好。于是，这一整天便能够享受"我想要个豪宅"这样梦一般的体验！！

所有的愿望可以不断地被实现，这就是一场体验型游戏！ 就在现在，某一个人，穿上放在世界某处的"人类西装"，使得自己的愿望不断地成为现实。

光　郎：太厉害了，这个观点……

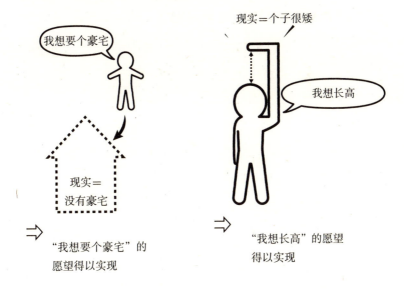

健次，我觉得你提出了一个相当伟大的想法！

世界上所有的人，都被其他的某一个人穿着。而且，世界上所有的人，在自己的面前梦想已经成为现实……

我们赶紧把这些想法告诉加代流吧。我们写成论文，会不会斩获诺贝尔奖呢？对啊，我们也跟永田再聊一下吧。那家伙是教授，诺贝尔奖的获奖方法他总该知道吧。

两名大学生慌慌张张地从屋里飞奔出来。大雾中，有一位将这一切都看在眼里的守护者。在确认过房间的门被锁上之后，他开始放声大笑"啊——哈哈哈"。

恶魔的喃喃私语

传统教导

如果你的梦想是想成为有钱人，那就学习更多的"正确"的知识吧。

在你眼前，
"想成为有钱人"这一愿望
已经实现了！

阁下的
"进入未来的我的身体里"的
印象描述

时间的流逝，就是一种幻觉。因此，进入未来的"你"的身体里也是可以实现的事情。闭上眼睛，用心地去感受一下。在未来，有一个所有梦想都能实现的"我"。

重点是，充分使用你的五感！

梦想都能得以实现的未来的"我"，你看到了什么景象？

站在豪宅里，向玻璃窗外望去，你看到了什么？

看到海景了吗？

所有的景象"要在你的脑海里浮现"。

然后，豪宅里闻到什么香味没有？厨房里，有专属的厨师在做饭吗？是不是闻到一股香味呢？

接下来，吃上一口厨师的大作，什么味道呢？

回到客厅，用手摸一下墙壁，踩在自然素材的灯芯草编织的榻榻米上，什么感觉？

最后，未来的那个我，你听到什么声音了呢？是在豪宅外鸣叫的小鸟吗？要用心尽情地去感受。

就这样，使用你的五感，"就像真实存在一样"，用心去感受。

就这样，不消一会儿工夫，便可创造出你想象的那个现实世界。

第 4 章

身体就是一座神殿

"正论"背后隐藏着权力者的阴谋

——早晨

醒来后，又迎来了一个新的"wo"。

任何人都可能有的这种感觉，是我刚记事的时候产生的呢？还是那之前产生的呢？就在刚才，还在做着不同的梦，然后只要醒来，眼前就只有这一个熟悉的"世界"。只留下了一丝丝感觉，就是梦里那个更加优秀、更加自由、不属于某一个人的那个我。这种感觉会一直持续到我回到这个"世界"为止。

加代流的妈妈： 加代流，起床啦！今天可是你去札幌的第一天啊。开学典礼的准备工作都做完了吗？

我叫加代流，是生活在函馆的一名普通的高中生。准确地说，从今天开始我就是一名大学生了。每天早晨把我叫醒回到这个世界的，基本都是我妈妈。但是，从今天开始，我要在札幌开始一个人的生活了。

早晨我会想"我刚才一定是活在另外一个人的世界里"。

之所以会这样想，是因为早晨起床时总会有些记忆碎片残留在脑海里，让我觉得在这样的早晨一定有这么样的一个规则。

总让我有冲动想去做与以往完全不同的事情。总感觉有人在诱导我迈向一条绝对不能涉足的路。就像有恶魔在面前引诱我一样。例如，就像这天发生的事情一样。怎么看都很土气，而且在班里完全没有存在感的我，不知道为什么，竟然……

加代流： 初、初次见面，请您多关照。

健 次： 这家伙为什么对光郎用敬语说话呢？这么快就暴露你不是新生的身份了啊？

光 郎： 给我闭嘴，你这家伙怎么在这啊。今天是新生入学说明会啊。
你一个大二的学生不应该出现在这里吧。

健 次： 你这没良心的！见你一个人孤零零的就跟着你过来了，你竟然毫不留情地践踏我这份好心！下课后你给我来趟院子，咱俩练练。

光 郎： 你是初中生小混混啊，真幼稚。我看你就是想来看看新生里面有没有可爱的女生吧。

加代流： 请、请问，光郎学长您是大二的吗？

健 次： 对他不用使用敬语的。这家伙也是大一生。
我呢，是大二的健次。你好！当然了，对我是可以使用敬语的。因为我是大二的学长。就是他们说的那个"很难升上"的"2年生"。

光 郎： 切。那什么，由于各种不可控因素，我决定享受一下人生中的第二个 1 年级，不忘初心。容我自我介绍一下，鄙人，佐藤光郎。

健 次： 好奇怪的敬语。

光 郎： 因为加代流君使用敬语啊，我也就只能随他了。

加代流：学长怎么知道我的名字呢？

光 郎： 我之所以知道这位同学您的名字呢，是因为在刚才的毕业典礼上有一个自我介绍的环节。

健 次： 够了，我刚才不是说过吗，你的敬语真的很奇怪啊。

光 郎： 自我介绍的环节，加代流的惊人发言，着实吓了我一跳。怎么说呢……

加代流君看起来非常的老实，却有那番发言……是吧，健次？

写给使用"这个身体"的人

加代流：我很喜欢雷鬼音乐。准确地说，我喜欢以牙买加的劳动者阶级为中心产生的"拉斯特法里思想"。

光 郎： 哦？你喜欢音乐吗？那，你就加入我们的社团吧。我们是一个乐队社团，里面有很多音乐初学者，不会乐器也没问题的。

加代流：光郎学长是主唱吧？

健 次：不是，这家伙是鼓手，在进入大学之前就开始打鼓了。
我呢，是吉他手，进入大学以后才开始弹的。在去年
的大学节上，我们还演奏了鲍勃·马利的曲子呢。

加代流：我也非常喜欢预言家鲍勃·马利。他通过雷鬼音乐，
将拉斯特法里思想传向了世界。

光 郎：预言家是怎么回事？

加代流：**雷鬼音乐里有一个词语叫"规划"，也就是说对未来
的世界进行预言**。鲍勃·马利在 20 多岁的时候就曾
预言"自己将在 36 岁的时候死去"。而且就在 30 多
岁的时候他遭到了枪击，据说在事发前两天，他就
对朋友说了自己会被枪击的预言。

光 郎：我有个很大的疑惑，就是，既然他们是预言者，**他们
不会去想"我避开危险不就得救了"吗**？
耶和华也是这样啊，他明明都已经知道自己要被钉
到十字架上了还是去了，难道你们就不会想，他还
去干吗？

加代流：他们或许有无法躲避的理由吧。或者说他们虽然预测
到了自己的未来，但是他们本人的愿望可能就是要按
照这样的命运走下去。

鲍勃·马利预测到了自己可能会被枪击，但是他没有
逃避。因为在他遭到枪击以后，举行了世界上最为著
名的和平音乐会。**而且，明明知道自己会被枪击，在**

那种情况下他毅然走上了舞台，也正因此，两大对立
的政治团体也走上了舞台，握手言和了。

鲍勃·马利的歌曲让牙买加的纷争中的对立团体团结
成了"一个"。

健 次：啊，这事我知道。One Love Peace Concert，世界上最
有名的音乐会。我看过视频，在舞台上疯狂跳舞的鲍
勃·马利，是一种多么放松的状态啊。简直就是神仙
附体，太帅了。

加代流：实际上，神已经进入到了他的身体里了吧。在雷鬼音
乐里，人的"身体"被认为是神殿。因此，"身体"
绝对不允许被糟践，因为是神殿。酒精不能沾，烟也
不能抽。饮食主要是被称为 Ital Food 的，一种纯自然
的食物。

光 郎：你刚才说的那个"身体就是神殿"的观点，就像去租
车一样吗？第二天早晨，别的不同的人会使用那辆

车，所以车里面一定不能弄脏了，就这种感觉吧。

加代流： **不但是内在的，外在的也不能有任何损伤。**因为整个身体都是神殿。

在拉斯特法里思想里，**被奉为神殿的"身体"，绝不允许被刀具所伤。**连头发都不能剪。因此，雷鬼音乐人，大都是拉斯特法里式的发绺。

健 次： 这样啊，我还以为是追求时尚的打扮呢。是因为不能剪头发，所以才将头发做成那样的卷发啊。不过呢，我可告诉你，光郎的头发现在之所以是卷发，就是纯心想在女生面前耍帅。

光 郎： 才不是呢。我这完全是出于信仰上的追求。加代流君，说得太好了。你刚才说的就是我留卷发的理由。

加代流： 不过……

光郎学长虽然是卷发，但是却戴着耳钉，那也是不可以的。说是信仰，但是学长做的这些却与信仰格格不入（笑）。

光 郎： 你小子，竟敢嘲笑我，我可是你学长啊。

健 次： 你小子，不是学长，也是 1 年级新生。我可是 2 年级的，光郎，你也要对我使用敬语。

光 郎： 哈？

加代流： 啊，终于松口气。我刚才特别害怕跟你们俩打招呼。

光 郎： 为什么？你刚才是想先跟我们俩打招呼吗？

加代流： 我以前做过好几次梦，梦里有一个与光郎很像的人，
　　　　　是一个更老一些的大叔。

光　郎： 你小子，竟然直呼我的名字，你存心找事是吧！
　　　　　至少，在名字后加个同学之类的。

> 早晨，睁开眼，又是一个与昨天不同的"我"。
>
> 就在睡醒之前，明明还做着不同的梦……
>
> 例如，梦里就像三年前，刚进入大学时的那个"我"一样。
>
> 但是，醒来我第一眼看到的，还是我一个人生活的这间屋子，和熟悉的天花板，每天都是这个被准备好的"世界"。
>
> 就像每天早晨，一个全新的"我"，在各种断片的记忆中开始新的一天。
>
> 不管怎样，多亏了"一个人的生活"，让我有更多的时间去回想梦里的记忆。
>
> 在梦与现实交织的这个"假寐的时间"，过去总会被母亲强行破坏，一个人生活的现在已经听不到母亲的声音了。
>
> 当然，今天同样听不……

光　郎： 加代流！起床了！

加代流： 吵死了！别打扰我享受刚睡醒的这段假寐的时间！这个是我人生中感到最为幸福的时刻了！不对啊，你是

　　　　怎么进来的?

健　次：我们想，你承受不了与玲子分手的失恋的打击，会不
　　　　会在屋里做什么傻事……

　　　　于是，我们几个就强行破门而入。

加代流：你们……

　　　　什么……

　　　　不、不是吧你们俩。我这门可怎么办啊!

光　郎：人命关天，这可不能用钱来衡量，多打点工就有了，
　　　　加油。

　　　　先别说了，赶紧去学校了! 健次有大发现。就是你的
　　　　"人类西装理论"，我打算拿它冲击诺贝尔奖!

加代流：什么情况? 完全不懂你们在说什么。为什么我的理
　　　　论，你却拿它冲击诺贝尔奖?

　　3个人住的地方，准确地说是他们关系好的这一群人大都
住在这条学生街上。从他们每个人的家里到学校，步行也就是
3分钟左右的路程。更确切地说，以学校为中心建了很多面向
学生的公寓，一排排的学生公寓组成的这条学生街上，住的基
本上都是学生。

　　但是，大雪纷飞的那天，在通向学校的那条大路上，只留
下了三串脚印。

永田老师：Hi~ Young man！

今天可是暴雪停课啊，你们怎么还来学校了呢！

光　郎：　老师，您教教我们怎样才能拿到诺贝尔奖吧。

永田老师：什么情况？

光　郎：　健次，怎么办？要不跟老师说说？电视剧里不都演
　　　　　过嘛，教授私自盗用研究生的成果，还为了封口将
　　　　　学生……

永田老师：我对"名誉"可没什么兴趣。

光　郎：　那我们就只告诉永田老师。老师，您还记得加代流
　　　　　以拉斯特法里思想为基础提出的"人类西装"的说
　　　　　法吗？要是有一种技术，能够让我们随意进入世界
　　　　　上任何一个人的体内并代替他，那我们岂不是想做
　　　　　什么都能实现？加代流在您的研讨课上提出的这个
　　　　　不切实际的妄想。

永田老师：那不叫妄想，我们称其为思想实验。**爱因斯坦和牛
　　　　　顿都经常使用这种手法。该手法以"如果，×× 成
　　　　　立的话"的想法为起点，为证明假设的成立不断探
　　　　　究事实充实内容。**

光　郎：　总之，今天早上，是我灵机一动突然想到的……

健　次：　什么？明明是我想到的！你竟敢窃取我的成果！

光　郎：　我们就先假设，世界上所有的人，"都只是一件西装"。
　　　　　我们说的这件西装就是在各种场合，进行各种"体验"

的某个人本身，这件西装每天就放在我们面前。

就像游戏一样，早上起床，穿上任何一件自己喜欢的西装，我们便可尽情享受这件西装所代表的某一特定场合的人生。

永田老师：这些我之前都听过啊，不就是在研讨课上提过的吗！

光 郎：还有后话呢。例如，有人想体验"我想变成一个明星"这一现实生活，他就可以穿上"健次"。

我们都知道，只要你穿上"健次"，"就算是强取豪夺也要将他人的成就据为己有"，"明明知道自己不会弹吉他还扬言要在武道馆开演唱会"，总的来说，穿上"健次"你就能够体验到"想变成明星"这一"现实世界"。言归正传，接下来要说的便是今早我想到的事情。也就是说穿上西装的那个人，已经完全变成了健次。换句话说他就是健次。只有将穿上"健次"之前的记忆全部抹掉，才能够尽情享受这个"体验型"游戏。

这样想的话，**我们是不是就可以认为，世界上的所有人，都是被其他人穿上之后的一个存在呢？**事实上，任何人每天早上都会"重启"。因此，在世界所有人的面前，那个人的"愿望"实际上一直都在持续实现。这就是我们的最新发现。取我们三个人名字的第一个字，就将这个理论命名为"光郎理论"。

健　次：　根本就没有我们名字的第一个字啊！

加代流：　世界上所有人的愿望，都能够在眼前不断地成为现实？
　　　　　今天早上的时候没听你们说过这一点啊，解释一下。
　　　　　我有个愿望，就是"想和玲子复合"，眼下并没有实
　　　　　现啊，因为我们俩并没有和好啊。

世界，就是一个现实版的黑客帝国

健　次：　你的愿望已经实现了啊。加代流的愿望不是"想和玲
　　　　　子复合"吗？只要穿上你自己，在这个世界上你便是
　　　　　第一个能够实现那个愿望的人。
　　　　　世界上不会存在比加代流的欲望更加强烈的，"想和
　　　　　玲子复合"的体验游戏了吧。

加代流：　那倒是，最期望"想和玲子复合"的就是"我本人"了，
　　　　　这一点我有绝对的自信。但是，这又有什么意义呢？

健　次：　穿上加代流，便可实现"想和玲子复合"的愿望。反过
　　　　　来说，为了能够实现加代流的愿望而准备的体验现实
　　　　　的舞台就是"世界"。
　　　　　在我、健次、永田老师面前，在世界所有人的面前，
　　　　　都有一幅"世界"这一游戏的画面。而且，所有的"世
　　　　　界"，无一例外都是我们日思夜想所期待的。这就是

我主张的"人类西装理论"。

加代流： 适可而止啊，这是我提出的理论。我是理解了。这不
就是电影《黑客帝国》里所描述的世界吗！每一个"wo"
的面前，都准备着一个相对应的"世界"。

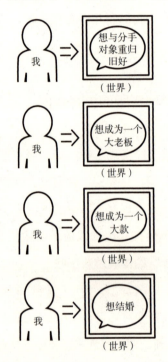

光　郎： 那部电影好看吗？我还没看过呢。

加代流： 从刚入学那会儿开始，我不是说过好几次吗，让你看
一下。没看过《黑客帝国》，你竟然能理解"人类西装"
理论，真有你的！上个月，《黑客帝国》第二部都已
经上映了。

光 郎：	第一部还没看呢，第二部都已经上映了啊！

加代流：　不是"已经"，是你的世界里出现了 4 年的暂停吧！话说那个导演一定受到了雷鬼音乐的影响。《黑客帝国》里的"锡安""崔妮蒂（三位一体）""先知"，在雷鬼音乐中都占有重要的地位。

永田老师：你们说得非常精彩。但是，很遗憾你们无法获得诺贝尔奖。

光　郎：　咦？为什么呢？拿诺贝尔奖要比这个水平更高才行吗？

永田老师：这个嘛……

因为我要拿它冲击诺贝尔奖！

光　郎：　不好，大家赶紧跑！他要对我们下毒手啊！

加代流：　……

老师，您就别开玩笑了。我们为什么拿不到诺贝尔奖呢？快给我们说说理由吧。

永田老师：因为你们刚才讲的这些呢，都是已经被证明过的事实。就比如刚才说的"世界"和"我"的例子。

那就是量子力学里的"观察者"与"对象物"的概念。

眼前所发生的一切，都是与人的观察"一致"的内容。

这都已经是通过实验验证过了的。

另外，"我"和"世界"是具有对称性属性下产生的自旋配对量子。简单地说就是，"wo"和"世界"

通常处于一种像镜子一样的关系。我是"看"的一
方的话，世界就是"被看"的一方。我是"想"的
一方的话，世界就是"被想"的一方。想要钱的"我"
的面前的"世界"里，就有被想要的钱。想站在武
道馆里的"我"的面前，就会出现被想站在里面的
武道馆这一"世界"。

"wo"和"世界"，通常都是完全相反的镜子关系。

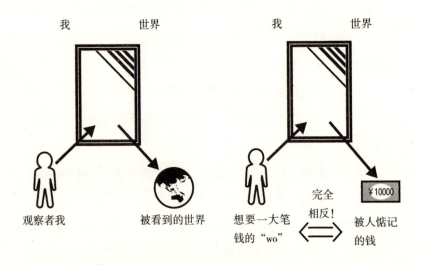

健　次：　好神奇啊。竟然是相反的！

永田老师：再深入一步，你们提到的"人类西装"的想法非常
好，但是，穿上人类西装的到底是谁？你们有进行
反复的思想实验吗？

在希腊哲学里面被称为"始基《水》"，

在新柏拉图主义里被称为"第一本体《善》",

在宇宙物理学领域里被称为"奇点"。

顺便提一下,加代流非常喜欢的鲍勃·马利歌手,

在歌曲中将其表现为"ONE"。

光　郎：不是吧,从古希腊时代就有人开始探讨"人类西装"里的人到底是谁这一问题了啊!

永田老师：是啊,不过至今还没有一个学者将这些理论串联起来,并且使用通俗易懂的文字进行说明。

这项工作或许可以由你们来完成。甚至你们可以写出一本价值高出诺贝尔奖的专著。要不这样,我作个决定,你们的毕业论文就以"人类西装理论"为题,使用通俗易懂的语言进行说明总结。这次就特别允许你们 3 个人以合著的形式共同完成毕业论文。

光　郎：3 人合著,分别取我们名字的第一个字,就叫光郎理论……

老师,您这个提议好!

健　次：好什么啊,你这家伙,还在说你那歪理。

加代流：但是,老师,我们还是不写论文了,不如您现在就通俗易懂地讲解给我们听吧。

光　郎：是啊,我也觉得那样会更轻松一些。

永田老师：我给你们一些提示吧。

光　郎：怎么又这样啊!又是"我给你们一些提示"。

之前说，人类目前仅认识到了宇宙的 4%，剩下的 96% 不仅没见过、没触摸过、没听过、没思考过，甚至都不被允许使用语言描述、不允许被想象，是完全未知的世界，让我们产生很大的兴趣，吊足了我们的胃口。

当我们问您"为什么"的时候，您就搪塞我们说："答案就在'暗物质'和'暗能量'的概念里，你们自己查一下。"

永田老师：那怎么能说是搪塞你们呢？什么事都让别人教，那是没有什么价值可言的。

那些所谓的别人的"正确观点"，跟你没有任何关系。将别人的"正确观点"强加给自己，也就只能是增加自己的痛苦罢了。

自己去"发现"，这才是意义所在。

顺便问一下，你们回去都查有关暗能量的资料了吗？

光　郎：昨天，我在旧书店里，将"暗能量"理解错了，买了一本叫《黑暗能量》的怪书。

永田老师：这就挺好的，关键要迈出第一步。自己的世界还是要靠自己的双手来创造，这样人生才会更有趣。

好了，今天同样是要给你们一些提示。你们想想，宇宙和光郎，谁的年龄更大呢？

光　郎：　您说什么呢？我才 23 岁啊。宇宙不是都有 100 亿岁了吗？

永田老师：**宇宙和你，年龄相同。**回去查一下**"量子力学的观察者效应"。**

　　　　　下一个提示，健次，你觉得你和宇宙谁更大呢？

健　次：　是我更大吧！

永田老师：宇宙和你在大小上完全一样，丝毫不差，完全等大。回去查一下"基本粒子的对生成和对湮没的原理"。还有，加代流，你可以更多地听一下雷鬼音乐。这样你就可能会明白"绝对之神耶和华"与鲍勃·马利所唱的"神！里布斯"这句话的关系，能够了解狮子与犹太族之间的关联，你甚至可以夸张到一边呐喊"海尔·塞拉西——"一边跳舞那种程度。

加代流：　"海尔·塞拉西一世"经常会出现在雷鬼音乐的歌词里，我还是了解一些的。那是一位非常有名的皇帝的名字。

　　　　　我没记错的话，海尔指的是"力量"，塞拉西指的是"三位一体"，还有的版本里将歌词翻译成"三位一体之力"。

永田老师：不不不。不是简单地念"海尔·塞拉西"，而是要狂热到一边撕心裂肺地呐喊"海尔·塞拉西——"一边跳舞。那样你才能够真正地享受雷鬼文化。

世界上只有"wo"一个人

健 次： 不对啊，为什么每次都是加代流听听音乐跳跳舞就可以了，而我和光郎却要学习高深复杂的物理学和哲学啊！

永田老师： 物理学和音乐之间没什么区别。柔道和茶道之间也没什么区别。

世间万物都可以归为相通的一条"大路"。不管你从哪里出发怎么走，最后的终点只有"一处"。

这一点你们也可以尝试使用你们自己的语言来描述一下。"我"和"世界"这两个名词实在是太有魅力了。"人类西装"这个提法也非常好。你们可别被那些所谓的高深莫测的词语或者高深的学问给骗了。使用你们自己的语言来完成毕业论文，这就足够了。

好吧，还有最后一个提示。这个问题你们3人都来回答一下：世界上有多少人呢？

光 郎： 不是有60多亿吗？

健 次： 傻了吧唧的，已经超过70亿了。

永田老师： 你们说的都不对。世界上仅有"wo"一个人。

光 郎： 咦？世界上只有"wo"一个人？怎么会，这不还有健次吗！

永田老师： 还有健次呢，正在说这句话的"wo"存在于那里，仅此而已。你们3个人去研究一下禅道吧。

今天就先聊到这里吧。RESPECT！

从教学楼里出来，暴雪已经停了，3 人来时留下的脚印已经被大雪完全盖住了。眼前是白茫茫一片。

光　郎：　山田老师真是无敌了。高深莫测的知识点完全不提，只用通俗易懂的几句话就把我们的兴趣给提上来了。最后来句回去好好调查学习。他不会是个大骗子吧！

加代流：　虽说如此，不过永田老师对年轻人的文化也是了如指掌啊。最后说的那句"RESPECT"，你们知道什么意思吗？

　　　　　真正的雷鬼音乐爱好者在道别的时候就会用这句话，就是"再见"的意思。

健　次：　厉害了！刚见面时说的不就是那句有名的牙买加式英语"Young man"吗，竟然连"RESPECT"的新用法都知道。真是令人 RESPECT（尊敬）。

光　郎：　啊……先留下脚印，走过这片雪地的就只有我们啦……

　　　　　真是麻烦！真想踩着谁留下的"正确无误"的足迹前行。你们看，前面的罗森便利店和道路间的边界线都被大雪掩盖了。这让我们沿着哪里前行啊？

罗森前面的岔路口，是3人分别的地方。

跑步的话，5分钟就能到他们3人住的公寓，不，不止他们3人，还有包括他们朋友在内的住在这条街的很多人。

在文京台小镇完全被白雪覆盖的这个夜晚，"群居中的孤独"，就如字面意思，因为这皑皑白雪成了现实。

就在这样一个小镇上，就在这么一个狭窄的地域上，有这么多的小伙伴，真真切切地住在这里。

每天晚上只要在附近走上几步，总会遇上嬉闹的朋友。即便不去跟他们一起闹，也会觉得"谁就在身边"，有一种莫名的安全感。"一个人"在家也能自娱自乐，这是多么奢侈的事情啊。我喜欢这种群居生活中的孤独感——

所有这些在文京台小镇都能够实现，光郎就喜欢文京台和这样下着暴雪的夜晚。

恶 魔：今天回来得够晚的啊。

光 郎：啊，完全把你给忘了。叫什么来着？小暮阁下？

恶 魔：不是小暮，就叫阁下。永田老师的确是个好老师。看他的样子，不是"善"那派的势力代表。

光 郎："善"的势力是什么？

恶 魔：对了，这个我只对未来的你做过解释。所谓"善"呢，就是完全不经过自己的大脑思考，只会一味地接受别人提出的"正论"，还不分青红皂白地恐惧"恶"势力的那群家伙。

光　郎：哦，就是说非常逊的那群家伙是吧。但是，今天就是
　　　　说逊我也认了，谁能把毕业论文的内容给我简单地讲
　　　　解一下呢。

恶　魔：问一下未来的你就可以了。你每次的演讲不都说的那
　　　　个话题吗？

光　郎：什么？你说演讲？未来的我莫非开始了传教活动？你
　　　　确定不是演唱会？乐队呢？我辞掉了吗？

恶　魔：你写了一本书。

光　郎：哇，未来的我竟然出息了！太帅了！一点也不逊啊！

恶　魔：未来的你经常在演讲会上提到**"梦里某个人在观察
　　　　'wo'"**这个梗。要不要到未来的世界里去看一看呢？

光　郎：什么？真的吗？可以去吗？

恶　魔：我不是说过嘛，时间并非如人们认为的那样只朝"一
　　　　个方向"单向前行，不受"正论"束缚的恶魔能超脱
　　　　于时间的单向性之外。不过，去到未来的这个愿望，加
　　　　代流倒是可以实现。

光　郎：啊？为什么是他啊？是我说想去未来看看的！

恶　魔："你"，去未来见"你"，这是不可能的。这是 ONE 的
　　　　提示。

睁开眼，与以往完全不同的一个"wo"开始了一天的生活。

但是，就在那个"wo"的生活开始之前，那么一瞬间，有一段混混沌沌的时间。那段时间是，"我不属于任何人"的一个过渡时间。那时，是我在这个世界上最为享受的一个时间段。在那段短暂的时间里，有我反复梦见的场景。站在舞台上的一位中年大叔，非常幽默，会场里有数万人，座无虚席，他时而将大家逗得哄堂大笑，时而让大家点头称赞，有时候还把大家说得泪流满面。这个人似乎在哪里见过，但就是想不起来。

中年大叔："你"，真的就是你自己吗？

用一句话概括一下，这就是我今天演讲的主题。这个主题，在中国有一个非常有名的典故，我经常在讲演的时候说给大家听。大家听说过《庄周梦蝶》这个故事吗？2000多年前，中国著名的思想家庄子在自家的廊下打盹儿，做了一个梦。梦中，庄子变成了蝴蝶，在花丛中飞舞、吸食蜂蜜、被蜜蜂追着到处飞，完全就是一只"蝴蝶"。然后，他忽的一下醒来，睁开眼却发现刚才在廊下睡觉。

大家觉得，他是不是会说"什么啊，原来我做了一个蝴蝶的梦啊"？

对一般的人来说，我们可能都会这么说？但是，庄子却不同，他是当时中国最聪明的思想家，他是这样说的：

是我刚才做了一个跟蝴蝶有关的梦呢？

还是，从现在开始，蝴蝶在做一个跟"wo"有关的梦呢？

或许谁都无法给出一个定论吧。

据说这是他当时说的话。想想，的确是这么回事吧？

在梦中，你对自己"是蝴蝶"这件事情没有丝毫的怀疑。从进入梦乡的那个瞬间开始，你完全就是一只"蝴蝶"。你完全不会去想，"人"在做一个跟"蝴蝶"有关的梦。

与此同理。每一个"人"，今天早晨，都已经睡醒。但是，或许某个人，现在，正在做着一个与"你"有关的梦。大家觉得呢？

哪一个才是梦呢

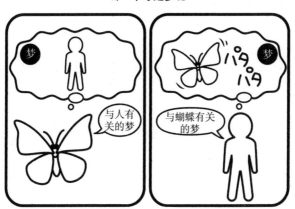

恶魔的喃喃私语

传统教导

眼前的现实毫无疑问是"对"的、确确实实存在的事实。

某个人，现在，

或许正在做着一个

与"你"有关的梦。

2000 年前的中国哲学、目前最先进的量子力学与脑科学都是这么说的

半个"月"改变性格，
恶魔的排毒方法

作为神殿，身体一定要保持一种健康的状态，
下面是来自阁下的忠告。

所谓饮食，就是一种宗教。

将相同的食物吃进肚子里的人，有着相同的行为方式，说着相同的话，因为同样的事情而烦恼。

人的身体，最初一定是先有了"吃的东西"才成立的。

你们人类体内摄入的物质，也就只有"空气、水和食物"。摄入体内的东西不同，也会造成身体的发展方向有所不同。

因此，吃着相同快餐的年轻人，他们有着相同的衣着打扮，会动不动就大发雷霆，连说的话都是一样的，在相同的时间内，今天，他们也聚集在麦当劳里。

据说，首先将快餐作为"好东西"吃到身体里的是那些素食主义者。因为他们觉得自己支持蔬菜，所以他们认为他们有着相同的思维方式，以同样的抱负倡导他们的信仰，有着相同的衣着打扮，有着相同的愿望与烦恼，会在同样的时间里进入睡眠状态。

实际上，通过饮食而被管理起来的这个事实，与这个"团体"之间的关系，很容易想象得到。饮食，就是一种宗教。通过控制饮食，来改变人的思考方式、意识、行动，甚至是梦想。

当然，这里不去评判它是"好"还是"坏"。本座在这里，只想说明一下二者之间的关联机制。饮食相同的一个团体，他们的行动也会是一致的。

将这一机制看透了的权力者们，就会开始实施他们的洗脑计划：让我们以一种正确的方式来"吃"吧。引导大家吃同样的食物，便可容易地形成一个都有着相同"正确"行动的团体。就这样，所谓的"善"的势力者们，最初的洗脑都是从饮食开始的。

每一种宗教，也是如此。"对"的饮食，都被记载在圣典里。要吃"对"的这种食物，不能吃"不对"的那种食物。

从吸收营养的肠道开始入手，为了能够超越连"你"的意志都要操纵的"正论"，需要怎么做？为了"吃更加对的食物"，需要怎么做？

想这些都没用。要回到事情的源头。

不是去探究"吃什么才是'正确'的"，要回到最初的源头。质问自己，吃这件事情到底是否正确？

你们这些现代人，一直在追求"要吃更加对的食物"，但是其实你们体内已全是毒素。根本不需要吃任何其他的食物。

而且，现代社会，自然食物几乎已经不存在。因此，哪怕

只是一天也可以，

　　尝试一下什么都不吃。

　　就为了能够超越通过肠道操控你的哪些"正论"。

　　就一天，除了纯净的水，体内不再摄入任何食物，断食一天。

　　这样做的话，14.5 天之后，你会清楚地感受到自己的"思维"、"愿望"和"行为"都已发生变化。从内在操控"你"的东西发生了变化，你的行为也就自然而然地发生了变化。

　　但是，有一点，发生变化后，你们人类会将"变化前"的事情忘得一干二净。所以，在断食的前一天，需要将"烦恼"、"愿望"和"思维"都写下来。14.5 天之后，与之前写的进行对比，你一定会变成完全不同的一个人。

　　而且，你会清楚地意识到：我竟然被肠子控制着。

　　这里的断食，用别的说法来概括的话，可以说成是，在身体这座神殿里新建了一个空间。因为有了新的空间，也就意味着向"你"注入了新的可能性。

　　※ 编辑注释

　　根据最新的医学研究，肠子里的荷尔蒙遗传物质能够进入人的大脑，这一机制的神秘面纱也逐渐被揭开。据说，作为大脑指令的"思维"和"思考"以及人的"性格"等，都是首先通过"肠道"发出指令的。

　　根据这一成果，在患有自闭症的儿童的治疗中，从肠道着手提出相关治疗方案的研究有所进展。

而且，在美国有另外一个研究，将健康的人体内的大便移植到病人的肠道内，发现病人的病情有所改善，而且就连性格都会变得与被移植的人相似。

我们吃的食物，可以决定我们的思考方式，甚至影响我们的行为方式。阁下的那句强有力的话语"饮食就是一种宗教"，也许不用5年，科学上就能够提出理论依据。

※ 作者注释

我也不知道，为什么是"14.5天后"（笑）。或许，就是为了表达一个月周期的一半时间吧。不管怎样，请用"你"的身体做一下尝试，一定告诉我实验结果（笑）。

顺便提一下，月球是能够控制水的星球。我们体内80%的水都是由月球控制的。

第 5 章

开始产生威胁的护身符

世间存在拍摄了你一生各种"瞬间"的底片

　　早晨。全开的水龙头的出水声，把"wo"从梦中唤醒，"wo"回到了现实的"世界"。

光　郎：　谁？是健次吗？你昨晚是在我这里睡的吗？

哈妮特斯特：啊？亲爱的，你说什么呢？今天是你送扎拉麦去幼儿园的日子吧？赶紧起床，送孩子去上学。

光　郎：　什么情况？

　　　　　……嗯，不对啊。我怎么会有一个叫"健次"的朋友呢？我是在做梦吧。咦？不对，是有这么个朋友。健次是我大学时候一个关系很好的哥们儿。原来是这样啊。做了一个大学时候的梦啊。

　　　　　啊——那时候过得真幸福啊，好想回去，回到文京台那个小镇。

恶　魔：　你是想说，现在的生活过得不幸福吗？

光　郎：　啊，是阁下您啊。

　　　　　嗯？怎么有一种久别重逢的感觉……

恶　魔：　那是你想多了。对这个世界上的所有事情，你们都是一厢情愿想太多了。

光　郎：或许是我想多了吧。总感觉我醒来之前，还是大学时代的那个冬天。不知怎的，感觉就像从"大学"一下子到了"今天"一样。

恶　魔：时间的流逝，就是一种幻觉。没有所谓"正确"的单方向的时间流逝，也没有什么"正确"的顺序。**昨天，可以体验"未来"；明天，体验到了"过去"，这也是可以的。**

光　郎：你说的这些，让我有些摸不着头脑。

恶　魔：就跟底片一样。

　　　　将一个个"瞬间"的底片连起来，连起 10 个就能成为一个"动作"。

光　郎：电影就是这么拍的吧。将 24 幅静止画面连起来播放，才能形成"1 秒"的动画，是这样来的吧？

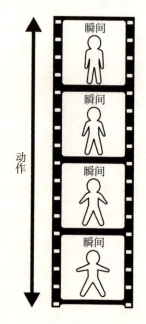

《泰坦尼克号》大约 3 小时，就是——

24 幅画面 ×60 秒 ×60 分 ×3 小时 =……

哎呀，算不出来。总之，真是难为卡梅隆导演了。

恶　魔：仅仅 3 小时的电影，各个"瞬

间"的底片数量已经是数不过来了。但是呢，世界上却存在着**记录一个人一生所有"瞬间"的底片**。这个底片记录了从出生到死亡，从过去到未来的所有的"瞬间"。而且记录的不是一个人的人生，而是全人类的人生。包括已经离世者的一生，也包括还未出生者的一生，当然，还包括正活在当下的人的一生。

那你觉得，这个底片有多少幅画面呢？

光　郎：总之，有两点很清楚：一是，这个数我是算不出来的；二是，这个数字肯定是相当庞大的。

恶　魔：是的，这个数字是无法计算的。这个底片包含了全宇宙所有的生命，既有过去的伟人、未来的蝴蝶，也有过去的你、未来的另外一个人。**记录了所有视角下的所有"瞬间"的这个底片，就存在于宇宙中间。**

光　郎：是啊，光想一想就知道这个数字得是多么庞大了。

恶　魔：这是你根本不可能想象的。

现在，"正在想的光郎"这一"瞬间"也在底片里。

所有视角下的所有瞬间。也就是说，这个宇宙上可能发生的所有的事情的底片都被保存在一个地方。**这个地方就是宇宙本身。**

而且，这些底片的右上角，没有任何顺序编号。不存在像"A–1、A–2"这样，按顺序来记录某一个名为 A 首的第 1 张底片、第 2 张底片的这类情况。

所以，昨天看到了"未来"的底片，明天看到了"过去"
的底片，这都是完全有可能的。

光　郎：原来如此。**正因为底片上没有标注任何编号，所以我**
们才能够提前看到"未来"的事情。

恶　魔：而且，像"A-1""B-1"这样的编号也不存在，所以
昨天不见得"一定是 A-1（ =昨天也是 A)"。

昨天很有可能"就是别的不同的人（ =另外一个不同
的人 B-1)"。

昨天看到的是别人"B-1"，今天看见未来的自己"A-
6"，接下来又看到另外一个人的过去"C-5"，马上又
看到"F-1"，等等。

也就是说，**到昨天为止的那个"wo"，很有可能并不是**
现在的"wo"。

光　郎：这么说，昨天看到的那个我，是别人的底片吗？要这么说的话，人的自我认同感不就完全崩溃了吗？

你想啊，自我认同感不就是说"我，仍然是昨天的那个我"，也就是具有"wo"特色的集合体啊。

恶　魔：崩溃就崩溃了吧，不挺好吗！就应该质疑所有的"正论"。

光　郎：但是，如果底片上没有号码，所有顺序都不同的话，那么，**我，昨天到底是谁呢？**

……

从我的脸型上判断的话……是布拉德·皮特，还是詹姆斯·迪恩？话说回来，记录"瞬间"的底片到底是什么？照你说的那样的话，岂止是昨天，就在刚才过去的那一瞬也不见得是"真实的"……

就在刚刚过去的那一瞬间，我到底是谁？

恶　魔：什么都不是。可以是任何一个人，又不是任何一个人。

光　郎：你别跟我说那些太抽象的。我就是想问具体一点，就在刚刚过去的那一瞬间，我算是哪部分底片？目前我觉得最有可能的就是布拉德·皮特……

恶　魔：“先前”你看的是哪一部分的底片，谁也不知道。恶魔也不知道，神也不知道。**因为，“先前”这个概念，它本身就是一个谎言。**

没有什么“先前”，如果有“前”的话，那不就意味着，时间存在着一个被固定了的“顺序”吗？“前面的那个”是第一，“现在的这个”是第二，“后面的那个”是第三，这样就会出现一个所谓的“正确”的顺序。**但是，“正确”的顺序是不存在的。**宇宙里只有“现在”。

光　郎：不是吧？那么刚刚一瞬间前的我到底是谁这个问题，没有人能够回答吗？

恶　魔：能回答你的，就只有一点。那就是：

现在，在这个“wo”的面前，存在一张“世界”的底片。
这是发生在我们面前的唯一的事实。

光　郎：好像明白了。

如果我们把［　　］比喻成“瞬间”底片的话，

只意味着，这张“瞬间”底片里记录的是［前面应该已经有了］。

现在，在我们眼前的这张“瞬间”底片里，正在发生的事情是［前面应该已经有了］。

要这样理解的话，那么我们的自我认同感……

也就是说，仅仅是［应该是：过去曾是小学生，接下来变成初中生，然后成了大学生］这个记忆，出现在［现在］的底片里。

恶　魔：是的。结果就是，只有［现在］这一张底片。**［现在］这个瞬间，在"wo"的面前，有一张"世界"底片。**都重复了好几遍了，发生的事情仅此而已。

光　郎：是啊，所谓记忆，也仅是大脑里的数据而已啊。

恶　魔：好吧。你是不是觉得自己什么都明白了啊？但是，在你身上还有很多没有被超越的"正论"。

让我给你点提示吧：本座去见了 2003 年的你。但是，2017 年再见你的时候，你却说"初次见面"。

光　郎：不会吧？

在你变成某个身份之前，你什么都不是，仅此而已

比起恶魔的喃喃私语，妻子的那句充满怒气的"赶紧送孩子去幼儿园"更具冲击力。

去女儿的幼儿园，走路只需要 15 分钟。

从树的影子下，跑到电线杆的影子下。避开大夏天的阳光，女儿蹦跳着来到幼儿园的门口，说声"再见"道别。

我转身往家走还不到 3 分钟，没想到这么快"再见"就来了。

扎拉麦：爸爸，等等我。

光 郎： 怎么了？为什么追过来了？不想去幼儿园吗？你不能逃课的。

扎拉麦：不是，不是。我的宝贝护身符不见了。就是一个星期前，爸爸送给我的那个奈良的礼物，就是那个小铃铛的护身符。我觉得是在来的路上丢的，你跟我一起找一找吧。

我们俩朝着回家的方向找去，保护我们两个不受阳光照射的树荫处都找过了，就是没找到护身符。

光 郎： 就要迟到了，咱们还是不找了吧。

扎拉麦：没事吗？

光　郎：有什么事呢?

扎拉麦：好像有谁说过"把护身符弄丢了,会受到诅咒的"。

光　郎：谁说的啊,完全是胡说八道的。骗人的,不用相信。

扎拉麦：真的吗?

光　郎：是的。你呢,想想看,**护身符即便是不见了,我们也只是"回到护身符丢失之前"而已。**

扎拉麦：什么意思呢?

光　郎：护身符来到你这里,就只是一个星期之前吧。**护身符来之前,你是不是就很幸福啊!**

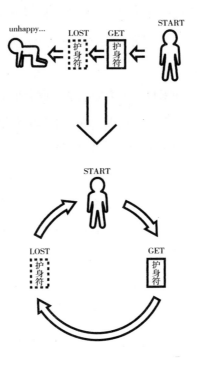

扎拉麦：但是，护身符丢了就不会幸福了。

光　郎：不会的。你这就叫作"执念"。

　　　　爸爸，还有这个世界上的大人们，都喜欢这个词。

扎拉麦：执念是什么？

光　郎：假设呢，爸爸是一个恶魔。然后就想着要去骗一个幸福地生活在森林里的一个小女孩。你觉得爸爸应该怎么做呢？

扎拉麦：能让那个小女孩感到难受就行了啊。我想想，啊，知道了，往她身上扔大便。

光　郎：扎拉麦……拜托你以后别再跟你哥哥一起玩了！我是真心希望你一直这样单纯地长大，女孩子不可以随便说"大便"。

扎拉麦：但是，如果被人丢大便的话，我会很难受的。

光　郎：扔的那个人也会很难受的！不都沾到手上了吗！爸爸呢，非常聪明，我选择这么做：**我会送给那个女孩一顶"小红帽"**。

扎拉麦：咦？爸爸真是个大好人。

光　郎：第二天呢，**我再给那个女孩一个装苹果的篮子**。

扎拉麦：这不就变成了我在小人书上看的小红帽的故事吗！篮子里装上苹果，然后让她遇上大灰狼吗？

光　郎：不是的。等哪一天，我化装成魔女去小红帽家里，然后对她说："**你好，小妹妹。如果你把'小红帽'和'篮**

　　　　　子'弄丢了，就会受到诅咒！啊——哈哈哈哈！！"

扎拉麦：为什么要这么做呢?

光　郎：**小女孩本来就在森林里幸福地生活着。我给她"小红帽"之前，她没碰过小红帽。我给她"篮子"之前，她也没碰过篮子。即便是那样，她也还是幸福地生活着，没有任何让她难受的事情。**

　　　　但是，现在，小女孩对"篮子和小红帽要是丢了的话，我会不幸福的"这句话深信不疑。你看，她开始了这种奇怪的误解。这就是"执念"。

扎拉麦：真的啊，爸爸太可怕了。小红帽上当了!

光　郎：上当受骗的不只是小红帽。

　　　　大人们大都在为这些事情上当受骗。

　　　　他们总会觉得"要是失去了点什么，就会变得不幸福"。

　　　　工作要是丢了怎么办?

　　　　家要是没了怎么办?

朋友要是失去了怎么办？

自己的身体要是没了怎么办？

他们总是在担心害怕**"要是失去了点什么，就会变得不幸福"**，但实际上呢，你现在拥有的所有的东西，在你得到之前，它们都不属于你。

仅此而已，不但是东西，地位也是一样的。

在你变成"某个身份"之前，你"什么身份都没有"。

扎拉麦：身份是什么呢？

光　郎：比如呢，"小红帽"很有名吧，大家都知道她。也就是说，她是一个超级大明星。走到街上，会有人给她苹果。要是有大灰狼出来的话，村子里的人会奋不顾身地来保护她。这就是她的"身份"。

扎拉麦：要是能出名，真是太棒了！

光　郎：但是，**现在的小红帽，一定是不想失去受人追捧的"小红帽"的身份，每天生活得都不安心。**

在变成"小红帽"之前，她仅仅是一个"大森林里的小女孩"，那段日子实际上是她最幸福的时候，但是那时的幸福已经被忘得一干二净了。手里没有任何东西，自己也不是什么有名的人，但是却很幸福。那时的自己已经完全被遗忘，**自己手里没有点"什么东西"，自己的"某个身份"要是失去了，就不能幸福地生活。**如今在她脑海里，只剩下这些错误的想法。

而且每天都拼命地生活在"不想失去"这一执念的
噩梦之中，这是很可笑的事情。

因为你得到的任何一样东西，总有一天会失去。

就这样，大人们天天生活在心惊胆战中。爸爸呢，也
是这样的。

扎拉麦：爸爸，你也害怕吗？

光　郎：当然。**所有的大人都是在以"某种身份"生活着。**他
们会说"我是个有威望的老师""我是个非常有名的
警察""我是个幸福的家庭主妇"，而且他们会坚决认
为一旦失去了这些身份，就会过得不幸福。实际上这
些都是错误的想法。

从原理上来讲，就算失去了所有，也不会有任何人因
此而变得不幸。因为，**大家在拥有"某种身份"之前，
本来就"没有任何身份"。**

扎拉麦，你要是能够完全懂得这个秘密……

你就会真正明白，世界上根本不存在变得不幸这回事。

扎拉麦：要是警察叔叔被开除了的话，他也会幸福吗？

光　郎：当然会幸福。因为，爸爸就有个朋友，他呢，当上了
警察。

那家伙上小学的时候老是向别人扔大便。

要是能回到童年，扔大便这种事儿就足以让大家感到
幸福了。

扎拉麦：那，是不是只有大便是绝对不能失去的呢？

光　郎：是的，只有大便是绝对不能失去的！其他所有的东西，都可以失去。好了，让我们一边找大便，一边向前，去幼儿园吧。

　　跟早晨比起来太阳只升高了一点点，但是保护两个人的"树荫地"却少了很多。刚才在树荫下没有找到的小铃铛，在太阳光的照射下，闪闪发光。女儿高兴地大喊，声音几乎要盖住知了的鸣叫声了。光郎看着这一切，心里想："她的内心现在还没有任何身份。"

恶　魔：刚才你说的那番话里，其实那个魔女才是"善"一派势力的代表。

光　郎：哪番话啊？

恶　魔：魔女不是对小红帽说了句"如果你把'小红帽'和'篮子'弄丢了，就会受到诅咒"吗？
　　　　这股势力不会教给你说"失去之前，也仅仅是你没有得到而已"，而是教唆你，要是把"什么"弄丢了的话，你会变得很不幸。

光　郎：那种势力真的存在吗？

恶　魔：做父母的不都会说："要是失去了'这么好的工作'，你以后会过得很辛苦的。"当老师的不也都会说："你要是不好好做一个'好孩子'的话，会被警察叔叔抓进监狱的。"

在你成为大人之前，"要是失去了，你会活得很辛苦""要是失去了，你会活得很辛苦"，这样被几百万次地洗脑，你觉得孩子们会怎么想呢? **毫无疑问，他们会非常固执地去坚守"我一定要保持某种身份"，他们会对发生的变化产生恐惧。**但是，这些都是对孩子的洗脑。

一个人一定不要拘泥于现在的这个"wo"! 如果你能超越那些"正论"，那时，你将能拥有任何一种身份。可以成为一名成功人士，也可以成为一位国际巨星，甚至可以成为任何其他人; 甚至还可以成为未来的自己; 甚至也能够成为另外一个平行世界中的人。只有"放下所有身份的人"，才能够拥有任何身份。那时，你可以自由自在地排列组合眼前那无限数量的底片。

光 郎：原来如此。对要保持现在的这个"我"这件事最为执着的，竟然就是我们自己。而且我们丝毫不会想要去看别的底片。

恶 魔：是的。**出生时赤裸裸地来到这个世界上的你，为什么现在对你的皮大衣那么上心呢?**

光 郎：等会儿! 这不是我书里面的一句名言吗!
不准你随便抄袭!

恶 魔：没有什么是属于你的。**这个世界上你得到的所有东西都是幻觉。**出生的时候，你们身上什么都没有。

　　　不但如此，自己是一个"婴儿"的想法，"昨天我是谁？"这样的疑问，"明天我一定要成名！"这种豪言壮语等，你们都不会有。

　　　你们仅仅是活在［现在］。

光 郎：是啊。婴儿是不会去想"昨天我是谁"这类问题的。

　　　而且也不会去想"现在我是什么身份"这样的问题。

　　　他们仅仅是作为一个"wo"，在享受眼前的这个"世界"。

恶 魔："什么身份都没有"，这才是所有人最初的起点。在今后的人生中，不管失去什么，都不会变得不幸。

恶魔的喃喃私语

传统教导

得到更多的人更幸福。

抛弃一切！
世间诸事万物，最初
都不属于你。

阁下的
瞬间消除恐惧的
方法

你们人类，不管是谁，都会"过于执着地生活下去"。如果"不坚持做下去的话""如果不拥有它的话"，虽然是主宰者，却受着这些执念的威胁。要是再遇到这种情况，你就大声地念下面的咒语：

"谋、谋反啦！"

护身符，就以"护身符"的身份，

向主人亮出獠牙！！

适用案例 1：健康法狂热症

例如，本来是为了幸福才开始的"××健康法"。

但是，到了现在，你却在担心如果早晚不做 3 次"××健康法"，"很有可能会生病"。

虽然你心里明白，一天就只有一早一晚为什么要做 3 次，但是，因为对"失去"这个执念的恐惧，让你无法扔掉健康法。

此时，你可以静下来好好想一想。

在开始"××健康法"之前，你完全没有做过这个健康法，但是你却很健康。非常简单的事情。

来吧，念起上面的咒语，放手扔掉你的健康法吧。

适用案例 2：因失恋而烦恼的女生

正在为失恋而哭泣的你。在跟男朋友交往之前，你并没有男朋友，但是你依然很幸福。回想一下过去，叫上朋友去唱唱卡拉 OK，大喊一声"谋、谋反啦！"然后唱上一首失恋的歌曲。

就这样，为了"保护"你，"护身符"来到了你身边。

但是，他要是说"你把我弄丢了，会受到诅咒的"，威胁自己主人的话，那就是谋反。这种叛徒，就应该立刻将其扔掉。

不管是"什么东西"，不管是"什么地位"，就算是"健康的体魄"，

在你得到这些之前，你什么都没有。

仅此而已。

另外，为了能够幸福，如果你现在有正在"勉强"做的事情、过于执着地做的事情的话，赶紧把这些习惯改掉。

这些行为，肯定都是你为了"幸福"才开始的。但是，如果你一直做下去，让你感到"痛苦"的话，那就是本末倒置了！那就是"谋反"。就算你扔掉这些，你也会回到开始之前的幸福的生活状态，就这么简单。

waiting...

第 6 章

苹果的主张

战争的胜利者所写的书叫作"教科书"

又一个不同的清晨开始了。

在完全醒来之前的那段"迷迷糊糊的时间"里，残留着还不是现在的这个"wo"的那时的记忆。

这段时间一结束，就会产生下面这样的冲动：

现在马上想去一个不是"这里"，而是"另外的"一个地方。

现在马上想见一个不是"wo"自己的，而是"另外的"一个人。

尽可能去到远的地方，尽可能见到不同的人。

自己会被那种冲动所驱使着。那些或许都是为了证明，一直到刚才为止的那个我是多么的优秀。从最"头"上开始确认，可以知道，我是多么的强大，我是多么的优秀……

但是，眼前开始的新的一天里，仍然是那个弱小的"wo"。

这个"wo"被赋予的一个名字，就叫"加代流"。

也不知道是谁给我起的名字。只听妈妈说过是"奶奶给起的"。

这个"我"被赋予名字的瞬间，我自己并没有亲眼目睹。

不但是那个瞬间，就连我出生时的事情，自己也是完全不记得。

当时自己并不明白被生出来的这个事实，或许是"wo"还没有出生。

与其去听别人讲关于遥远的过去的事情，还不如过好每一天的清晨，因为这里有"最真实"的"我"。

每天早晨，都有一个最真实的"我"，开始一天的生活。

顺便提一下，我是从妈妈那里听说的，这个"我"是1981年5月12日出生的。那天正是鲍勃·马利去世后的第二天。

可能正是因为这个事情，中学的时候，我真心认为：

去世了的鲍勃·马利，进入到我的身体里面，然后这个"我"就开始生活了。

前一天还是鲍勃·马利，从今天早晨开始，就变成了这个"我"……

光 郎：你这也太长了吧！

加代流： 什么啊？

光　郎： 你那嘟嘟囔囔的自言自语！你都已经让"世界"都听
　　　　到了！你小子以为自己是诗人啊。还什么，这里有一
　　　　个除了"wo"之外的鄙人，请你放心！

　　　　还有一点，你小子绝对不是鲍勃·马利转世。

加代流： 我说，为什么最近你老是随随便便就闯入我家里啊？

光　郎： 第一个原因是因为你和你的女朋友分手了。

　　　　到上周为止，我都是好好按门铃的。就那样，还被你
　　　　那穿着内衣晃悠的女朋友狠狠地瞪过几眼。

　　　　另外，第二个原因，你家的门坏了。

加代流： 还不是你们几个给我弄坏的啊！！

光　郎： 言归正传，永田老师说的那些，你都查了吗？

　　　　可是你给我发的短信，说"早晨过来叫醒我"的。

加代流： 啊，"海尔·塞拉西一世"和"耶路撒冷"的事情啊。

　　　　你想听吗？

光　郎： 你觉得我不听能行吗？这可关系着我能不能毕业啊。

　　　　毕业论文，我们三个人共同执笔。

加代流： 那，另外一位作家，健次同学呢？

光　郎： 为了查找《万物合一》那本书，去了图书馆，然后就
　　　　直接去了游戏厅。

加代流： "直接"这个词，用在这里不合适吧。

光　郎： 他说那本书太哲学范儿了，实在是看不下去。健次说

了，如果要是一直逼着他把那本书读完，他宁愿成为一个游戏专家，不毕业都可以。

你想啊，他现在是四年级留级啊，是不是已经习惯了呢？那家伙，去年可是没毕得了业的。

加代流：对啊，健次学长可是比我高一届啊。

光　郎：我跟他一样，也高你一届的。

加代流：拉斯特法里运动要说起来话可就长了，你要听吗？

光　郎：啊，那咱们要不就算了吧。

加代流：首先，我在图书馆看书都看哭了。有一个采访记录，当记者问到"你为什么要唱歌呢"的时候，鲍勃·马利是这样回答的：

因为"悲愤"。鲍勃·马利的歌曲竟然是从悲愤开始的。

光　郎：我都说了太长的话不想听，你还在这里喋喋不休，我现在才悲愤呢。

加代流：我们之前什么都不知道。真是太无知了。

近代人类的历史，基本上都是"黑"与"白"的战争史。你知道吗？据说在"黑人与白人的战争"以及"奴隶解放运动"中，几乎耗尽了地球上人类所有的能量。

光　郎：因为我是黄皮肤的日本人，所以呢，这些事情都不知道。

"黑"与"白"的战争，竟然占据了世界历史的一大部分，这还真不知道。

加代流："马"或者"牛"你总该知道吧?

白人,真的是将"黑人"当作家畜一样来对待的。

而且,奴隶商人哥伦布将世界的海洋打通,加速了这场战争的进程。

光郎百科

克里斯托弗·哥伦布,大航海时代具有代表性的航海家之一。他是发现美洲大陆的第一人,他也因此被世人熟知。

光 郎：哥伦布,不是一个好人来着吗? 在历史方面经常出现的名字,我一直以为他是个大英雄呢。

加代流："善"和"恶",看的角度不同,可能就会产生截然不同的结论吧。

站在白人的角度,在港口接受众人送行的哥伦布,就是一个英雄。

但是，对于黑人来说，从大海的一端驶来的哥伦布，无疑就是一个大恶魔。

白人将全世界都划为他们的殖民地，把在那里生活着的原住民都变成了奴隶。

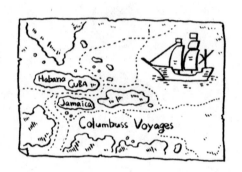

雷鬼音乐的发祥地牙买加就是其中一个殖民地。成为奴隶的牙买加原住民们被白人随意使唤，在很短的时间内就灭绝了。

光　郎：　太残忍了。**教科书里写的那些，岂不都是谎话啊！**

这真是，恶魔跨越大海直逼进来啊。他的名字很丑陋（译者注：丑陋的日语读音为"busu"，这与哥伦布的日语读音"koronbusu"部分音同），所以我很讨厌哥伦布。

加代流：他们把那块土地上的原住民"都使用殆尽"，于是白人们从欧洲运来了家畜。有"牛"，有"马"，还有

"黑人"。

但是，西班牙并没有"黑人"，于是他们就去非洲大陆，像"捕捉"动物一样去抓"黑人"，将他们作为奴隶运到了牙买加。

光 郎：不会吧，去死吧，他们。

加代流：是的，他们都死了。因为这是 500 年前的历史了。

光 郎：那还是算了吧。现在活着的白人，恨他们也没有什么意义啊。

加代流：接着说，就在 100 年后，将牙买加掠为殖民地的西班牙被英国军队攻破。

光 郎：太解气了！正义的英雄登场了！

加代流：我也在图书馆里大喊了一声"太解气了"。但是，我们都错了。**结果是，英国也在牙买加把黑人们当作奴隶，继续奴役他们。**对他们来说，也就是换了一个主人（统领者）而已。

光 郎：白人真的是没救了。

加代流：但是，正当西班牙在战争中被英国军队攻击时，有些黑人趁机逃了出来。

那你觉得，如果牛和马从"饲养人"那里逃出来的话，会逃去哪里呢？

光 郎：森林？或者山里？

加代流：是的。那是一场非常壮烈的逃亡，一旦被抓回去就要接着做奴隶。逃出来的黑人们就进入了大山，他们成立了一个叫"逃亡奴隶"的组织。

而且，这个组织为了解救他们的奴隶同伴，与英国军队进行了战斗。你不觉得就跟电影《黑客帝国》一样吗？

光　郎：都说了好几次了，那部电影我没看过啊！

加代流：那部电影讲的就是，为了挽救尚未觉醒的奴隶同伴，而发生的一系列故事。

同样，在牙买加，为了让"黑人"伙伴们赶紧觉醒，逃亡奴隶组织一直在战斗。他们的同伴黑人们被白人洗脑，他们一直认为"黑人作为奴隶进行劳动是理所当然的事情"，他们还活在这样的梦里。

他们想让那些所有的"wo"都尽快觉醒。

光　郎：梦醒之前，我们不会发现"自己在做梦"。

加代流：一直在反抗的逃亡奴隶组织的首领，终于等到了英国军队的提议，"要与他们签署'条约'"。但是，那是个陷阱。

他们提议，只把首领一个人当作"人"来看待，他的部下要作为"奴隶"，被送到殖民地。

结果，首领被杀害，战争仍在继续。终于，大约80年后，第一个和平条约签署了。

光　郎：奴隶们终于得到了解放吗？

加代流：当然没有，而且对奴隶们来说，这是一个最糟糕的和平条约。

条约的内容是承认当时已经在逃亡奴隶组织中的奴隶们的人权，但是其他的奴隶们不予以解放。

不但如此，今后如果再有叛逃的奴隶，奴隶组织也必须要协助捕捉。

他们这是让黑人给黑人做看守啊。而且，逃亡奴隶组织竟然接受了这个条约。

光　郎：如果有奴隶叛逃，他们就要协助捕捉，然后再把他们送回白人那里？

他们忘了自己曾经也是奴隶吗？他们不也是黑人吗？

加代流：**归根结底，人，就是一种想保护"我"自己的生物。**

光郎要是被抓了，我也不会跟恶势力的头领硬拼的。只要达成协议，保证我的安全就可以了。

光　郎：太绝情了吧，你小子！

……不过，估计我也是会那么做的。

加代流：从那之后，逃亡奴隶组织也有过各种历史，总之，从西班牙来到牙买加之后，经历了 300 年的历史，奴隶制度才终于被废除了。

至此，大约有 100 万的奴隶从非洲被运到了牙买加。

1962 年牙买加作为一个国家独立的时候，原住民已经灭绝，当时几乎所有的牙买加人身上都有非洲人的

DNA。于是，预言家马科斯·加维出现了。

光　郎：　既然是预言家，那他可以看到"未来"啊。他是怎么
　　　　　说的呢？

加代流：　**他说"当非洲大陆有黑人国王诞生时，这个能够拯救
　　　　　全世界"。**

　　　　　当时的非洲，各个国家基本上都曾经是白人的殖民
　　　　　地，因此，黑人根本不可能当国王。但是，就在他说
　　　　　出这个预言后的第 3 年，终于，在埃塞俄比亚诞生了
　　　　　人类历史上的第一位"黑人皇帝"。

　　　　　那就是拉斯特法里。

　　　　　"拉斯特法里思想"就是由此而来的。

　　　　　在雷鬼音乐里，他被称为"活着的神"，活着的"黑
　　　　　之神"。

光郎百科

拉斯特法里（海尔·塞拉西一世）
1930 年即位，埃塞俄比亚皇帝。以
"被神选中的人"为世人所知。
在 20 世纪，他统治了埃塞俄比亚长
达 40 年之久。

光　郎： 黑之神，听起来很酷啊！

加代流： 作为埃塞俄比亚的皇帝即位后，拉斯特法里将名字改成了"海尔·塞拉西一世"。

我之前也说过，海尔指的是"力量"，塞拉西指的是"三位一体"。也就是说，"黑之神"就是三位一体的力量。

光　郎： 三位一体的力量？

加代流： 世界上很多国家基本上是"一神教"。所谓一神教就是说，在他们的国家里，只承认有一个神的存在。那个唯一的神或被称为"耶和华"，或被称为"耶稣"，或被称为"主"，有各种叫法。**源头的希伯来语的4个文字的读法，根据国家不同而有所不同。**因此，语言不同，"正确"的发音自然也就不同。也就没有哪一个发音才是"正确"的说法。在牙买加的发音就是"Jah——"。

光　郎： 噢！那去年咱们在大学节的时候演奏的鲍勃·马利的曲子《JahLive》，意思就是"神依旧活着"的意思啊。

加代流： 在西方世界，有一种说法叫**"将三者合一之时，必有神灵降临"**，因此也有说法称神就是"三位一体"。

因此，"黑之神"海尔·塞拉西一世，就被作为活着的神而被推崇。

光　郎：那你喜欢的雷鬼音乐不也是宗教吗？

加代流：拉斯特法里思想并没有领导人，所以不是宗教。准确
　　　　地说，**是特意没有设置领导人或者首领之类的。因为，**
　　　　在曾经的逃亡奴隶组织中，有好几次被首领背叛的历
　　　　史。权力者，对权力的宝座会过于执着，因此设置最
　　　　高地位，就会有背叛。我要是站在最高位置上，我也
　　　　会有背叛行为。为了你，我可是一滴血都不会流的。

光　郎：你小子，真是太可恶了！
　　　　……不过，我也是不会为你小子流一滴血的。

加代流：总之，预言成为现实，"黑之神"登上非洲大陆的历
　　　　史舞台，一下子将拉斯特法里运动推上了高潮。
　　　　最终，拉斯特法里思想就被定义为"重返我们的故
　　　　乡——非洲大陆"的一个回归运动。
　　　　他们认为，自己是被白人强制绑架到牙买加的，自己
　　　　DNA 的源头在非洲，因此一定要重返非洲。

光　郎：生物老师曾经说过，所有人类的根源都在非洲大陆，
　　　　是吧？

加代流：那不清楚，不过，牙买加人的根源在非洲应该是确
　　　　切的。
　　　　他们把自己应该回到的那片土地称为"锡安"。
　　　　强制把他们送往牙买加的势力和权力者们就被他们称
　　　　为"巴比伦"。

"从巴比伦那里解放众人，并将他们送还圣地锡安。"

你看，这也跟电影《黑客帝国》很像吧？

光　郎：都说过好几遍了，那部电影我没看过所以无从评论。

　　　　你还真是烦人啊。

　　　　然后呢？接着往下说！

加代流：啊？继续什么？到这里就已经结束了。

光　郎：哈？你小子蒙我啊，就这点信息对我们的毕业论文
　　　　有什么帮助啊！那不就是近代史的内容嘛。你是不
　　　　是傻了啊。

加代流：关我什么事！永田他只是对我说："Young man！听
　　　　着雷鬼音乐尽情跳舞到天亮吧！再见了！"仅此而
　　　　已吧？我还特意去图书馆查了资料，你这还不该感
　　　　谢啊！

　　朋友查来的知识，就仅是一些近代史的内容。为此大为光
火的光郎，很快回到了自己的家里。

所谓"拥有"都是幻象

光　郎：那家伙真是大傻瓜！明明留给我们的时间不多了，他
　　　　还去查那些跟毕业论文毫无关联的东西。但是，巴比

伦的那群家伙倒真是令人气愤！真想帮他们，把那些
被西方文明掠夺了的土地夺回来还给他们。

恶 魔： 他们什么也没有被掠夺去，你就放心吧。

任何一个人，想把"土地"弄到手，本来就是不可能的。

光 郎： 怎么不可能？住在公寓附近的那个老爷爷，他不就是
个大地主吗？

恶 魔： "人类"，将"土地"弄到手，这种想法简直是疯了。
闭上眼睛，静静地想一想。广阔、无边的土地无限地
延伸着。也不是非洲大陆，只是一片广阔的大地。在
那片大地上，出现一个人。那你告诉我，**"人"怎么
做，才能够将比"人"大的"大地"弄到手呢？** "人"，
可是站在大地上，对吧？那你们人类还大言不惭地说，
"wo"要把"土地"弄到手。

真是让我觉得不可思议。这个道理就连小学生也知
道吧。

光 郎： 是将土地的权力书弄到手！

恶 魔： 那岂不更是天方夜谭吗？**"土地"和"一张纸"之间
有什么关系？** 得到那张纸，大地就能够放到你的手上
吗？你这比妖术还邪乎啊。

光 郎： 是啊？

……

"弄到手"这个说法的确是很奇怪啊……

恶 魔：你那些被灌输的"正论"终于开始瓦解了。再帮你一把，让它们瓦解得更彻底。加代流，是不是与他前女友分手了啊？

光 郎：是的。去唱卡拉 OK，大闹一场，真是够呛。不过不是他，而是我。

恶 魔：你们这些人类，对恋人竟然也是抱有"拥有想法"。**竟然说什么"你是我的人"**。这算怎么回事？我能够拥有别的人吗？你再闭上眼睛，好好想一想。桌子上呢，放了两个苹果。

光 郎：好了，看到了。

两个苹果，被放到了桌子上面。

恶 魔：想象着那幅画面，你再好好地想一想。**右边的那个苹果，它要"拥有"左边的那个苹果，可能吗？**从上面看一下，仅仅是"桌子上面放着两个苹果"。但是，就在这种状态下，如果右边的苹果突然说："那个苹果是属于我的"，你会怎样呢？

光 郎：我会大喊一声："哇！苹果说话了！"

恶 魔：别嬉皮笑脸的，小心我让你瞬间消失！

光 郎：那还用说吗，的确是会感到很奇怪的啊。桌子上，就仅仅放了两个苹果而已。别无其他。这样还算"左边的苹果"是"右边的苹果"的所有物？**不不不不，也**

就仅仅是桌子上面放了两个苹果而已啊。"右边的苹果"拥有"左边的苹果"是不可能的啊。

"恋人"之间的所有关系，的确是毫无意义。

"玲子"是属于"加代流"的？？？

"那个人"是属于"我"的？？？

"我"失去了"那个人"？？

"那个人"^{左边的苹果} 和 " 我 "^{右边的苹果} 是完全没有关系的，是两个不同的个体！一个个体，拥有另一个个体，这是绝对不可能的！毫无关系的两个苹果^{物体}，只是被放在桌子上而已！！

恶 魔: 你们这些人类，除了恋爱以外，还在做着很多同样无聊的事情。

苹果说"我拥有一辆奔驰"；苹果说"我拥有一个名牌包"；苹果拍着胸脯说"我把那块地弄到手了"。

在本座看来，你们人类天天就在做这些事情。

光　郎：哇！等会儿，真的太可怕了。这、这个事，想想也是太不可思议了！

　　　　好好想想看，玩、玩偶竟然一直在说话！

恶　魔：好吧，你小子，我真要让你瞬间消失。

光　郎：接着刚才苹果的那个梗，我就开个玩笑嘛。

　　　　在大阪，这叫作天妇罗盖饭（译者注：日语发音"tendon"，这里是指同一个梗的玩笑连续出现两次。天妇罗盖饭里一般都会放有两只炸虾，也因此该词语成了以大阪为中心的相声界的隐语）。

　　　　但是，我原来的**"拥有"**这个词的概念彻底崩溃了。

　　　　感谢你，玩偶先生。

恶 魔：我是真要让你消失才行啊。你们人类经常会大喊"我们已经没有时间了"。那也就意味着，**你们在心里想着"我所拥有的时间的余额不足了"**。是的，你们认为**自己拥有"时间"**。要怎么做，"wo"才能够拥有"时间"呢？这比起"物体"和"物体"之间的关系，更加让人费解。

光 郎：的确是啊……

"苹果"和"时间"二者之间，应该是世界上最没关联的两样东西吧！要是突然有一天，苹果说"我已经没有多少时间了"，我一定会大笑的。真是好笑！因为苹果竟然开口说话了！

恶 魔：下次你再给我开这种玩笑，我不会说第 4 次的，直接让你人间蒸发。恶魔，不认识比 3 大的数字。

光 郎：好的、好的。不用这么凶吧。不过，真的太厉害了。

拥有某个物质是一种幻象。

拥有和他人的关系也是一种幻象。

拥有流逝的时间当然也是一种幻象。

我觉得，那这要说起来，**"我"所拥有的、外界的东西，岂不是一样都没有啊。**

恶 魔：岂止是外界的东西。我问你，"wo"又属于谁呢？

光 郎：不是吧，这副肉体总归是属于我自己的吧？

恶 魔："wo"拥有"wo"，你觉得这个说法成立吗？

这是个什么情况?

"苹果",不是"苹果"所拥有的东西。就是一个苹果而已。

仅仅就是,一个苹果放在桌子上而已。

这才是"wo"的真实存在。

恶　魔:"wo"仅是一个放在大地上的苹果。

那样的一个"wo",拥有外界的"某样东西"?

这是不可能的。

"wo",拥有"wo"自己?

那也是不可能的。

"我",仅是被摆放在那里而已。

印第安人、土著居民,他们是理解这个道理的。

对于土著居民来说,他们原本就没有"所有、拥有"

这个概念。连这个词都不存在。

因此,他们对你们那种"拥有"的想法是理解不了的。

他们不理解"把什么东西弄到手"到底是什么意思。

作为大自然一部分的个人的肉体，能拥有大自然？

部分，能够拥有，整体？？

因此，印第安人到死都不会明白，"将外界的某样东西弄到手"这个近代文明的想法。因此，当欧洲人越过大洋来到他们的土地上，对他们说"这片土地，从今天开始就是我们的了，赶紧拱手相送"的时候，印第安人完全不能理解，他们这到底说的是什么意思。

光　郎：听你这么一说，哥伦布他们反而应该觉得自己很愚蠢，竟然主张"美洲大陆"属于他们所有。

恶　魔：你别把话题扯到那些权力者们的身上。现在说的可是你的事情。

Q1. 为什么害怕死亡？

因为你觉得这个肉体是归"我"所有。

因为你觉得"我拥有它"，所以你才会害怕"失去它"。

但是，你大可放心。肉体，原本就是任何人的所有物。

它只是大自然的"一部分"而已。

Q2. 第二个问题，为什么失恋要哭？

因为你们有一种错觉，就是"恋人"是归"我"所有的。

但是，自始至终，"恋人"和"我"之间，就没有形成任何所谓的相互所属的关系。

不但是恋人之间，所有的人之间，都没有任何所谓的相互所属的关系。

Q3. 最后一个问题，为什么会发生战争？

那是因为你们不想失去。也就是说，你们有一种错觉，认为自己已经拥有了，所以才会起纷争。不但是战争，对他人的强势、与别人攀比、顽固的态度、过于执着的内心，等等这些，**都是从你们幻想的"拥有了的错觉"里产生的。**

如何？话都说到这个份儿上了，你还没清醒吗？

实际上，统治者才是最痛苦的。

一直在咆哮的人

光　郎：咦？不是吧！拥有更多，不是才会更幸福吗？你想啊，
　　　　有钱人，多幸福啊。

恶　魔：10 年后，"断舍离"这个说法会变得很流行。

　　　　物质至上主义的近代文明，开始发生反转。

　　　　"极简主义"的生活模式开始受到追捧。

　　　　年轻人们不去追求名车，也不追求某一个"特定的恋
　　　　人"，他们尽可能地生活在没有什么东西的房间里。

光　郎：那种生活，会有乐趣吗？与现在的年轻人正好相反
　　　　啊。对现在的我们来说，"拥有东西越多的"人越是
　　　　有人气的。

　　　　名车、传说、光环，拥有的越多人生越酷。

　　　　你们所谓的拥有，就是要"一直对其占有、统治"。

　　　　因此，1 秒钟也不能停歇，必须要不断地对外主张：

　　　　"这是我的东西！"

　　　　"这是我的东西！"

　　　　"这是我的东西！"

　　　　"苹果"和"其他的个体"，本来就仅是分别摆放在那
　　　　里而已。又不是用绳子把他们串起来了。**谁都看不到
　　　　一个能够证明所有权的明确的证据。正因如此，桌子
　　　　上的苹果必须不断地去主张自己的所有权才行。而且，**

必须把眼睛睁大盯紧才行。如果不那么做的话，说不定哪天英国军队就会来掠夺。自己的竞争对手，或者其他别的人都有可能会说"你的东西是我的了"。就这样，占有者的心一天也安定不下来，他们弄到手的就是惶恐不安的每一天。

啊——哈哈哈。这真是最具讽刺意味的笑话了。**在这个世界上，你们人类得到的不是"物质"，而是"内心的惶恐不安"。**

啊——哈哈哈。所谓"统治"，就是你们人类胡乱主张"我统治了它"，这样的蠢话。

实际上，当你在主张"我统治了它"的那个瞬间，你本人的心早已被世界所统治。

光　郎：天啊，我好像听明白了。一无所有的印第安人，我觉得他们才是心里最轻松、最放得下的。

恶　魔：那是当然。**你拥有得越多，心里就会越发地惶恐不安。**

婴儿之所以会无忧无虑地笑，就是因为他们一无所有。确切地说，**就是他们还没有产生"我拥有什么东西的那种幻想"。**

因为，"拥有"本身就是一种"幻想"。**"拥有的越多"，也就意味着"抱有的幻想就越多"。**幻想的面积越大，眼前的世界就越会被遮掩，也就会越让人看不清现实。很容易会被噩梦缠身。

光　郎：认为"我统治了世界"的权力者，他们会被噩梦缠身啊。

恶　魔：说过好几遍了，现在说的不是权力者问题，而是你的问题。

从你想"我要得到的更多"的那一瞬间开始，你身上

就已经出现了问题。

因为，你在尝试着去做，绝对不可能实现的事情。如果你想从这个幻想的"拥有游戏"中解脱的话，"想得到更多"、"想控制"、"贪得无厌"等，必须把这些想控制外界的欲望全部抛弃。

扔掉控制欲

光　郎：怎么做，才能够真正扔掉"控制欲"呢？

恶　魔：你这样问，本身就是有问题的。你刚才问"要怎么做？"这也就是说，你现在仍然在想着"不管怎样"，我现在还控制着外界。

你一定在想，"掌控的方法"还是可以拥有的。

也或者，你已经在着手尝试得到外界的某样东西了。

真是恭喜你啊！

光　郎：这有什么恭喜的啊。我是说让你教我怎么去做！真是让我火大！

恶　魔：看吧，你说的"怎么去做"，就是所谓的操控方法吧。话都说到这个份儿上了，你还在想着如何得到操控方法？

光　郎：啊！真是的！那么，我到底要怎么做呢？

恶　魔：放弃控制欲。放弃，并不是意味着让你去重新"得到"
　　　　什么，只是让你"发现"。**让你发现，外界的事物，是**
　　　　"wo"不能控制的，不仅如此，还要让你发现就连"wo"
　　　　自己也控制不了"wo"。

　　　　要了解这个宇宙的机制，"发现"是必不可少的。

光　郎：什么意思，"发现"是怎么回事？

恶　魔：所谓"发现"，不是为了去得到什么，而是对已经存在
　　　　的东西采取的一种态度。

　　　　正是因为觉得自己手里"没有"，所以才会想着"要
　　　　得到"。能够发现自己已经"有了"的话，就不会想着
　　　　要去得到。

　　　　对本座来说，这个宇宙中，没有什么"想得到的东西"。
　　　　因为全宇宙已经被本座征服了。你觉得，国王会在自
　　　　己国家的哪个市场的小摊上，想得到一个苹果吗？

光　郎：不会啊。因为国家的所有东西都是国王的啊。

恶　魔：没错。"想把什么东西弄到手"的那群家伙，他们手里
　　　　什么都没有。为了想"得到什么"而采取的行动，正
　　　　暴露了他们自己的弱小。

　　　　想着"我要变得幸福"的人，他们是不幸福的。

　　　　想着"我要变得优秀"的人，他们是不优秀的。

　　　　要是觉得幸福的话，用相应的态度表示出来就可以。

　　　　来吧，让我们一起拍拍手。

光 郎：哟、哟，你要我啊。

不过，好像我用"态度"明白了你说的这些。想要"去控制"，正是"控制欲还没有得到实现的人"的态度……他们只需要将"控制欲"扔掉就可以了……

是啊！就是能够发现"其实已经控制了自己想控制的"那种态度。不去索取，已经发现"其实自己什么都不缺的"那种态度。

恶 魔：非常好！能够发现这些，很好。要从巴比伦那里获得解放，就要先解放自己心里的那个"想得到更多的"的"控制欲"。

光 郎：这里说的巴比伦，就是警察或者国家权力的意思吧。没错吧？就是自己心中的那个"欲望膨胀"的机制吧。

所以，鲍勃·马利将巴比伦表现为"拥有者"，把自己唱为"一无所有的人"。他要向世人传达的，不是自己"一无所有"而产生嫉妒，而是"拥有者"才是可耻的。因为，"拥有"更多的人，他们一直在口出狂言。统治者，就是滔滔不绝的苹果。

恶 魔：而且，此时就会有奇迹发生。

如果做到不再去想"要得到什么"，那就意味着他能够"得到"更多的东西。

因为这样做，你会对自己身边存在的东西"发现"更多。

越是不想着去"控制"的人，他的人生就会越顺利。

因为，他发现了这个完美的、和谐的宇宙的奥妙。

这些理论，在你们的毕业论文提交的时候，应该能够成为更加明确的机制吧。

光　郎：糟了，差点忘了！我们的毕业论文，再不写就来不及了。

恶　魔：不要那样想着去控制时间，你只要坚信，时间已经被你控制了就可以了。

光　郎：太险了。苹果，差点又向时间下手。

不过啊，好好想一想的话，真是不可思议。"什么身份都没有""一无所有"的我们，赤条条来到这个世界上，但是，今天在大街上，就是我们这些人，却在拼命地为了"得到什么"而争得不可开交。从树上"吧嗒"一声掉下来的一个苹果，为了能够拥有世界，而一直在逞强。

人类，真是太可悲了。**赤条条来到这个世界，将来去世后没有"任何一样东西"能够带到另一个世界去。**

恶　魔：谁说没有啊，有的。**那就是"经验"。**

恶魔的喃喃私语

传统教导

拥有更多财产的人，才是幸福的人。

没有任何一样东西

是属于

苹果的。

阁下的
打破欲望的方法

"想要得到更多"的这种心态，正是巴比伦。

从你想要拥有时间的那一瞬间开始，你的心已经被世界所征服。

所以呢，当你过度的欲望萌生出来的时候，只需要在脑海里想象一下下面的图，然后念一下咒语即可。

"哇，苹果就要开口要东西了。"

没有任何一样东西是属于苹果的。

第 7 章

好日子发烧友

人生就是从一极走向另一极的游戏

有句话叫"突然，回到自我"。

这也就是说，在回到自我之前，那并不是我。

所以才会说"回到自我"。

那么，当你回到"自我"的时候，你又是谁呢？

新的一个"wo"的开始。

并不只局限于早晨。

在穿着"人类西装"时，意识被突然带回现实世界的瞬间也有很多。

扎拉麦：爸爸、爸爸！！你想什么呢，爸爸！！

　　　　爸爸，快看！你快看啊！！

光　郎：咦？什么情况？这是哪里？

　　　　啊。从幼儿园回来时，我们路过的公园啊。

扎拉麦：快看啊。你看扎拉麦很厉害吧。你别在那里发呆啊，

　　　　快看啊！！

　　　　你看，秋千荡得好高啊！！

光　郎：真的好高啊！太棒了！！都快飞到对面去了。

恶　魔：你，现在坐在一个很好的位置上。

光 郎：你说什么呢？是说我努力打拼而得到的这个地位吗？

恶 魔：当然不是。我说你现在坐的这个地方。

可以清楚地从这个侧面看到秋千。

光 郎：那还用说啊。坐在秋千的前面或者后面那多危险啊，
大多数的父母都会坐在侧面看着孩子荡秋千吧。

恶 魔：**这个世界，就是秋千。** 在这个能够看到"秋千全貌"
的位置上，你能够明白正在荡秋千的人所不能发现的
很多道理。

你看你女儿，荡到右边，又回到左边。然后又荡回右
边，再返回左边。**你们人类，总是在两极间徘徊来、
徘徊去。** 所有的"物质"，所有的"概念"，所有的"关
系"，所有的"能量"，这个"世界"上存在的所有的
东西，都包含着"两极性"。

光 郎：这不就是有名的硬币的两面性的说法嘛。
硬币有"正面"和"反面"。

1 厘米厚的硬币切成 0.5 厘米也是有正反两面。切成 0.3
厘米、0.001 厘米也同样有正反两面。

不管你把它切成多薄，硬币都有正反两面。

最后，如果硬币被切得非常非常薄，乃至**消失了的话，
那么"正面"和"反面"也会同时消失的**。

也就是说，只要肉眼能够看到，那么硬币就绝对会有
"正面"和"反面"。

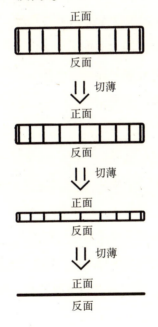

恶　魔：没错。所有的事情都是如此。只有**"单面"的东西是
不存在的。绝对是两面形成一个组合。

　　　　你们人类，总是叫嚣着"要把'恶'势力从世界中完

全消除"。实际上，这很容易就能实现。你们只要将神除掉就可以了。神从这个世界上消失的瞬间，恶魔自然也就会消失。**反过来说也是一样的，如果恶魔从这个世界上消失了的话，那么你们所谓的神也会消失。**

光　郎：这样啊。照你这么说，这个世界是需要恶魔的啊。

如果没有"恶"势力的存在，那么所谓的"正义"的英雄就仅是个一身肌肉的普通人。因为他们镇压了"恶"势力，所以才被认定为英雄。"恶"势力让一个一身肌肉的普通人变成了英雄。

恶　魔：不错。正是"恶"造就了"善"。

悲伤，造就了喜悦。

痛苦，造就了开朗。

焦虑，造就了沉着。

消极，造就了积极。

"向后看"，造就了"向前看"。你看，你女儿的秋千，

秋千，只向前荡是绝对不可能的。

正因为有"向后返回来"，才有"向前前进"。

自始至终，除了不幸，没有任何一样东西能让你变得"幸福"。

光　郎：忘了是什么时候来着，我在神社里向神祈愿"我想跳得更高"。于是就有人跟我说"那么，你得先屈腿弯腰"。

为了能够跳起来，你必须先蹲下去。不屈膝就能够跳起来的，估计也就只有中国的杂技团能够办到了。

这个世界上的万事万物，都是正反两面形成一个组合

一极	=	另一极
恶魔	=	神
恶	=	善
悲伤	=	喜悦
痛苦	=	开朗
焦虑	=	沉着
后	=	前
不幸	=	幸福
短	=	长

恶　魔：中国的杂技团也难以办到，因为这是一个原理的问题。这个宇宙的原理之一，就是"相对性原理"。

所谓"相对性"就是指事物的"两面性"。

反过来说，"绝对性"就是指"唯一性"。

例如，如果这个宇宙里就只有一根木棒，那么这根木棒，是"粗"呢，是"长"呢，是"重"呢，还是"轻"呢？我们谁都无法回答。我们想要回答这个问题，是不是要借助于什么呢？

光　郎：需要一个跟它对比的"什么东西"是吧？

恶　魔：是的。只有有了与它相对的东西，**你才能够对它进行描述**。这就是"相对性原理"。

有"短的木棒"存在，我们才能说这是"长的木棒"；

有"轻的木棒"存在，我们才能说这是"重的木棒"；

有"细的木棒"存在，我们才能说这是"粗的木棒"。

所以说，"不幸"，正是为了你们人类才产生的。

你们人类一味地追求"幸福"，所以为了能够让你实现自己的愿望，从原理上讲，"不幸"也就应运而生。

光　郎：不错，正是如此。我的诗集里也有这样的内容的。

"如果每天都过着幸福的生活，那么那种生活真的幸福吗？

具有两面性的这个世界，如果是每天都幸福的话，

你能够认定眼前的幸福是真的'幸福'吗？

身边如果只有幸福，又怎能觉得那就是幸福呢？

只有不幸的生活存在，有了对比，这样才能真正觉得幸福的存在，难道不是这样吗？"

（※引自《每天都幸福的话，是真的幸福吗？》
WANIBOOKS刊）

恶　魔：如果将"正因为有过悲伤的日子，未来才能笑得更加灿烂"写进诗里，的确是对现在感到悲伤的人有很大帮助。但是，最根本的解决方法，还是要学会"放手"。

光　郎：此话怎讲？

恶　魔：就是"秋千法则"。对想要"幸福"的人来说，从原理上讲他需要"不幸"。**所以，他只需要对眼前的"幸福"放手即可。**

必须要遵守的"秋千法则"

光　郎：你是说，将幸福从手中扔掉？

恶　魔：首先，我从秋千的结构入手，给你好好讲一讲。

看一下你女儿，她正在为能够荡得更高而努力。

我问你，为了能够荡得更高她需要怎么做呢？

光　郎：需要尽可能地往后摆吧。

恶　魔：是的。秋千就是**通过控制着力点，从而实现"从现在的点荡向最高点"**的装置。目标是尽可能地去到一个比"所在点"更远的"一个点"。总是以此为目标工作着。这并不是秋千的宿命，而是你们人类的宿命。

光　郎：是啊，的确是这样。

刚吃完拉面，却想应该去吃汉堡才对；

刚吃完汉堡，却又想应该去吃拉面才对；

单身的时候想有个女朋友，有了女朋友又想变回单身。

总之，人类总是追求不是"现在所在地"的"某个别的地方"。

恶　魔：这就是你们人类的宿命，没有人能够改变它。秋千，今天同样在摇摆。向右，向左，然后又向右，向左。突然，某一天，人荡着秋千，得意洋洋地说："太棒了！我现在向前荡得这么高！"但是，我们从一旁看去，会发现一个事实，那就是，看似向前荡得很高，其实那只是为了向后返回而积攒的"能量"。**"向前前进"的自己的那个动作，正是为了向后返回而积攒的"能量"。**

拥有的越多，也就意味着你积攒了越多的与失去有关的能量。

实现更多成功的人，他同时也得到了更多失望的机会。

爱得越深，如果自己被背叛了的话，就会恨得越深。

向前前进　　　向后返回的"能量"

得到　　　为失去做准备

爱　　　为恨做准备

不管是"向前"，还是"向后"，秋千上集满了能够荡向比现在位置更远地方的能量。这，就是秋千的工作原理。

光　郎：的确是啊。站在秋千上的本人可能没注意到，实际上已经集满了"返回另一侧的能量"。

恶　魔：因为，能量也是"正"和"负"，二者形成一个组合的。

只积攒"正向"的能量，那是绝对不可能的。

向前前进多少，其内部就积攒了向后返回的同样多的能量。

"行善"越多的人，心里想的坏事也就越多。体内已是满满的"做坏事的能量"。

越是努力节食的人，越是时时刻刻都在想着吃的东西。体内已是满满的"再次开动大吃的能量"。

光　郎：啊。我就经常节食，的确是，节食的日子结束后，反而会更加拼命地吃，总是被妻子吐槽"你这样节食有什么意义"。我倒是觉得自己"在节食"，但是，实际上仅仅是在拼命积攒"再次开动大吃的能量"而已。这真是跟傻瓜一样。

恶　魔：因为你只看到了单面的能量。你得学会看清楚，这个世界上所有的事情都包含了"正"和"负"两方面的能量。**已经"得到"了的东西，肯定会在某个时候"离你而去"。**不管任何东西都是这样的，"地位"也好，"关系"也好，无一例外。

你"有了"一辆车，有一天一定会"失去"它；你"得到了"一块土地，那么在你离开这个世界的时候也就"失去"了；生命同样如此，你被"赋予了"生命，总有一天也要"失去"它。

无一例外，"得到了"总有一天会"失去"，这就是命运。所以，能够看清秋千全貌的人，会这样说，**不是得到了，而是开始失去。**出生不是生命的开始，而是开始走向死亡。处对象并不是开始交往，而是分手的开始。

光 郎：不愧是恶魔。你这番话虽然让人觉得很绝望，但确实很有道理啊。

伴随着"哇——哇——"的哭声来到了这个世界上的新生命，也可以说是"死亡的开始"。

看似已经得手，但是那也同时意味着"失去的开始"。

一对恋人刚刚开始交往，也就意味着他们"开始分手"。

不管怎样的热恋状态，总有一天会分手。就算是他们一直持续到老爷爷、老奶奶的时候，总有一天其中一位会先离开这个世界，这也是分手。

开始，并不是源头的开端，而是走向结束的开始。

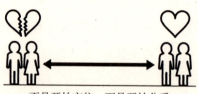

不是开始交往，而是开始分手

恶 魔：这都是站在秋千上的人的宿命。踏入这个世界、生活在这个世界里，也就意味着"上了秋千"，谁都无法摆脱"秋千法则"。因为任何人都无法离开秋千。但是，虽然离不开秋千，但是其态度是完全可以改变的，在荡秋千的时候，可以改变自己的认识和态度。

要学会享受秋千。

要学会享受世界。

人要怎么做才能毫无烦恼

光　郎：这话什么意思啊？

　　　　我觉得，我们是在享受人生这一秋千。

恶　魔：并没有，你们根本就没有明白享受人生秋千的方法。

　　　　因为你们只会祈愿"让所有好事都发生到自己身上吧"，

　　　　你们会张口就说"只往好的方面去想吧"。

　　　　最近，全都是这种不现实的、还让人无法理解的理论。

　　　　"只会发生好事情的未来笔记"，"厄运不会再来的惊奇

　　　　魔法"。

　　　　在这个世界的所有理论中，这些都是不现实的。

光　郎：的确如此。

　　　　只对事物的一方面充满期盼，这种做法本身就是不正
　　　　确的。

恶　魔：没错。那些想法显然是不现实的。

　　　　这个世界上，只向前前进的秋千是不存在的。

　　　　从硬币上只取下一个"表面"是不可能做到的。

　　　　想要让"幸福"得以实现，"不幸"是绝对不可少的。

　　　　这才是正宗荡秋千的人应该有的态度。

光　郎：噗（笑）！！您等会儿。

　　　　"正宗荡秋千的人"这表述很有意思。

　　　　搞得跟杂技团一样。

我脑海里浮现的画面是，每天晚上都有一个变态出没于公园里，嘴里还总念叨着"让大家久等了，我是正宗荡秋千的人。小孩子都躲一边去"。

恶　魔：连荡秋千的方法都不知晓，就这么稀里糊涂地来到这个世界上，你才是个变态呢！

就跟一个小丑一样。

心里想着"只向前前进就好"，拼命地向前划船，稍微向后返回一点时，就灰心沮丧。

心里还抱怨"本来不应该是这个样子的"，**明明应该是只向前进，驶向任何想去的地方**"，"那本书里明明写着，只会发生好事情的"。

正因为荡秋千的人的态度有问题，所以才会感到苦恼。

不要只期待"某一个特定的方向"。

站在旁边，看到的秋千的全面就是左右在摆动。

荡向"右边"好的想法不成立，荡向"左边"好的想法当然没有意义。

"左"和"右"的价值，没有丝毫之差。

但是，站在秋千上的人，不知道为什么，他们心里会有一个错误的幻觉就是：

"向前＝好"

"向后＝坏"

光　郎：的确是这样啊。总是朝着一个好的方向去期待，所以
　　　　稍微有些向后返回就会很失落。

　　　　秋千的"左"和"右"明明就没有任何好坏之分，却
　　　　只期待一个方向，跟傻瓜一样。

恶　魔：那么，你再好好想一想你作为日本傻瓜代表的所作所
　　　　为。问你几个问题："有钱"和"贫穷"，哪个更好呢？

光　郎：那还用说，当然是有钱好了！

恶　魔：看吧，就知道你会回到荡秋千人的视点。

　　　　刚才你还说"左"和"右"没什么好坏之分，我只是
　　　　把"左"和"右"换成了"有钱"和"贫穷"，**你就选**
　　　　择去支持特定的一方。

期盼着只朝某一特定方向前进，稍有变故就会变得很失落。

光 郎：哎呀，还真是！上了你的当了。

恶 魔：只要你站在秋千上，不管怎样，你最后都会支持"其中的某一个方向"。

那样的话，你就每天晚上去公园，从侧面好好看一下秋千的全貌如何？

一看你就跟变态一样，估计会被经常盘问的。

啊——哈哈哈。

光 郎：警察要是过来问我"你在这儿干什么呢"的话，我就回答"我正在研究'左'和'右'到底在价值上有没有什么区别"。

嗯，估计我十有八九会被警察铐走吧。

就在这个时候，扎拉麦从秋千上摔了下来，哇哇大哭。

光 郎：啊，扎拉麦，摔到哪里没有？

啊，还好没事。

连擦伤都没有，不用担心。

扎拉麦：哇！

光 郎： 没有受伤啊，也不疼吧，怎么哭成这样呢？

扎拉麦：不是疼，是心里难过。

别的小朋友们都能够很漂亮地从秋千上下来，但是我就失败了啊。

光　郎：**不是失败，是成功的开始。**

扎拉麦：什么意思呢？

光　郎：听好了，我们假设有一个"向**右**前进的发烧友"，和一个"向**左**前进的发烧友"。

扎拉麦：好奇怪的发烧友。

光　郎：向右前进的发烧友，非常高兴自己"向右前进了一步"。

→ 1

因为呢，他觉得自己获得了 1 个代表荣誉的"右"。

终于有一天，他"又向右前进了 3 步"，他高兴得大哭。

→ 1 → 2 → 3 → 4

因为他获得了 4 个代表荣誉的"右"。

但是呢，看到这一切的向左前进的发烧友却认为：

与其说他向右（→）前进了 4 步，

更重要的是他失去了非常重要的 4 个左（←）。

世上的事情呢，都是这样的。向右前进的发烧友说："我得到了 4 个右呢！！"向左前进的发烧友说："那家伙失去了 4 个左呢！！"

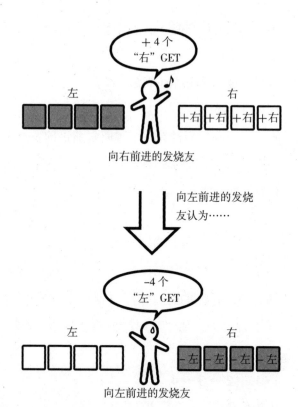

向右前进的发烧友

向左前进的发烧友认为……

向左前进的发烧友

这样一想，每天都是"好日子"

扎拉麦： 爸爸是说，没有什么事情是重要的吗？

光　郎： 是的，这个世界上有很多这样的发烧友。

　　　　 喜欢学习的发烧友会说：

"我学习了 10 个小时！"＝获得了 10 枚【学习】奖牌！

他这样说，但是，喜欢玩的发烧友却说：

"他错过了 10 个小时可以玩的时间"＝失去了 10 枚【玩耍】奖牌！

看似得到了，但是从另一端看去，他却是一直在失去。所以呢，总的来说，其实没有发生任何变化。 不论是朝着哪个方向前进了"3"步，从相反的一方看去，他只是失去了"3"步。看似有了"3 件好的事情"，其实是错过了"3 件坏的事情"。看似过了"3 天快乐的日子"，其实是失去了"3 天无趣的日子"。那么，爸爸问你一个问题。如果有人高兴地说"连续过了 10 天非常快乐的日子！太棒了"，你觉得他是什么样的发烧友呢？

扎拉麦：喜欢快乐日子的发烧友。

光　郎：是的。那么，喜欢无趣日子的发烧友会怎么说呢？

扎拉麦：他会说：你失去了 10 天非常重要的"无趣的日子"！

光　郎：非常正确。那么，下一个问题。

如果有人说"我非常的优秀！我有能够证明我优秀的 10 个证据"，那么你觉得他是什么样的发烧友呢？

扎拉麦：优秀发烧友！

光　郎：好的。优秀发烧友获得了 10 个"优秀"证据。比如得到了奖状、得到了老师的表扬、考取了资格证书……

但是，无趣发烧友看到这些又会怎么想呢？

扎拉麦： 但是，爸爸，真会有人喜欢无聊的事情吗？

光　郎： 当然有啊。我不是说过嘛，爸爸有个当警察的朋友，小时候扔大便都能大笑。

那家伙，**越是发生这种无聊的事情，他就越是觉得幸福**。他啊，就是个典型的无趣发烧友。但是，他自己却没有发现这些，于是就开始收集自己"优秀"的证据。

扎拉麦： 这样啊。那么，在无聊发烧友看来，他并不是得到了"10枚优秀奖牌"，而是失去了"10枚无聊奖牌"！

光　郎： 非常正确！！那么，最后一个问题。

是谁想把爸爸最喜欢的扎拉麦变成一个"成功发烧友"呢？

有着这样糟糕的兴趣爱好的人，我一定会揍他一顿。

扎拉麦： 这样啊，爸爸的意思是，没有必要只追求"成功"是吗？

光　郎： 是的。**看起来是得到了"10个成功"，实际上是失去了"10个失败的机会"**。这种人是绝对成不了爱迪生的。

扎拉麦： 爱迪生是谁啊？

光　郎： 你都上幼儿园了，还不知道爱迪生是谁吗？他是世界上最有名的"失败发烧友"。他非常非常地喜欢失败，据说，偶尔成功一次，他就会大发雷霆，大喊道"这怎么都能成功呢"。但是，世人却没有看到他这非常重要的"99 次的失败"，而只是在称赞他那"仅仅一次的成功"。由此可见，这个世界上到底存在多少的成功发烧友啊。

【失败】同样是非常重要的奖牌，但却被忽视。

扎拉麦：那位爱迪生先生，他好可怜啊。

光　郎：不会的，因为他毫不在意世间对他的评价。

　　　　扎拉麦，爸爸在这个世界上生活的时间要比你长很多很多。到今天为止，应该比你长 1 万多天吧。

　　　　现在回想一下呢，每天早晨醒来的时候，我都会想"今天要是快乐的一天就好了！"

扎拉麦：爸爸是快乐发烧友！

光　郎：没错。但是很多时候呢，不只有快乐。

　　　　悲伤的日子、后悔的日子、空虚的日子都会有，爸爸的生活里出现了各种不同的日子。

　　　　那么，你觉得作为快乐发烧友的爸爸，每天都是怎么想的呢？

扎拉麦：爸爸是不是很无聊啊。因为你都在想着收集"快乐的日子"。

光　郎：也是，除了"快乐日子"，也就是无聊了。

　　　　但是现在回想一下这 1 万多天，**不知为什么，现在觉**

得每一天都是快乐的日子。

曾经悲伤的某一天，其实也是非常快乐的回忆；

曾经后悔的某一天，其实想一想也挺好笑的；

非常痛苦的某一天，也是非常重要的回忆。

总的来说，我觉得，神还是属于"快乐发烧友"的。

而且神才是宇宙的最强者，他能够将过去的所有的发烧友都翻个个儿，**最终把全世界都变成"快乐回忆的日子"。**

所以呢，扎拉麦将来成为任何一个发烧友都没问题。

就算是对父母和老师所说的言听计从，成为一个"快乐日子发烧友"也无所谓。

快乐日子发烧友那里，除了快乐日子以外，还会有很多不同的日子到来。因为秋千总是会从其中一边荡回来的。所以呢，每天都生活在那种环境里的话，总有一天会想从那里逃离出来的。**但是不管怎样，当你以后回想的时候，绝对、绝对是都会变成"好日子"。**

宇宙最强的发烧友，永远站在我们这一方。所以，你将来不管变成什么样的发烧友，爸爸都会很放心的。

扎拉麦：要是那样的话，我想变成无聊发烧友。

我觉得，无聊的人是笑得最多的。

光　郎：这个想法太棒了！！

在这个世界上，没有什么东西能比大便还重要了。

尽可能地去收集无聊的日子吧！

扎拉麦：那么爸爸的人生中，最无聊的一天是什么呢？快给我
　　　　讲讲。

光　郎：这要说起来的话，估计得花 4 年时间。

　　　　比爸爸还无聊的人，这个世界上是不存在的。

　　　　King of "无聊之人"，简称为 "什么都不是之人"。

　　　　嗷——嗷——！

扎拉麦：哪里简称了啊？怎么简称了啊？

　　乌鸦的叫声，提醒我们该回家了。晚霞渐淡，天色已晚。

　　完全沉浸在无聊日子话题里的父女两人的耳朵里，完全听
不到乌鸦的叫声。

　　两人在欢声笑语中并排走在路上，要开拓人生之路的小勇士
先于爸爸一步，走在前面。天真无邪地笑着说"我走得比爸爸快"。

　　两人的距离逐渐变远，夕阳下女儿长长的影子渐渐离爸爸远去的时候，恶魔的声音在耳畔响起。

恶　魔：你不愧是各地讲演练出来了啊，你刚才说得很好啊。在你们人类的生活中，会有各种日子出现，硬要将痛苦变成"快乐"的人，那是大错特错。

　　　　痛苦的正确的"快乐享受的方法"，就是体验痛苦；

　　　　悲伤的正确的"快乐享受的方法"，就是体验悲伤。

　　　　总之，你们人类都已经完美地形成了一种固定思维，而且在每天的生活里都是那样。

　　　　毫无例外，所有人都只去追求所谓的"快乐"。而且，也正因为那样，所有人都会因为稍微的不顺心就感到痛苦。

　　　　一味追求"积极的东西"，但却因为"消极"日子的到来而哭泣。

　　　　所以，你们不需要做出任何改变，因为你们所有人都完美地形成了固定思维。**你们人类所有人，就以现在的这种态度来学习"真正的荡秋千的方法"即可。**你们大可放心地在接下来的日子里，继续过着各种反复的日子。

光　郎："尽情地悲伤，

　　　　尽情地痛苦，

尽情地生气。

想要尽情地享受快乐，这些都是必需的。"

（※引自《每天都幸福的话，是真的幸福吗？》*WANIB*
-OOKS 刊）

啊。

你这不是又在抄袭我的诗集吗？

这个爱好可不好。词尾用词不当的恶魔先生。

恶　魔：我真的想让你瞬间消失。

光　郎：你是不能做出那种残忍的事情的，尤其是在这美好的
　　　　日子里，你是绝对不能那么做的。

恶魔的喃喃私语

传统教导

要是每天都能够变成"好日子"该多好啊。

无须做出任何改变（坚守"善"一派势力所教给你的知识即可）。只是一味地追求好日子，必定会导致"悲伤的日子"和"痛苦的日子"的到来。

但是最终，所有的那些
都将变成"好日子"。
啊——哈哈哈。

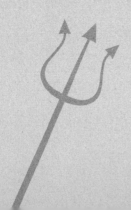

阁下的
在遭受挫折一蹶不振时
奏效的网络图像

这个世界上所有的事情都存在两面性。即便如此，不知道为什么，你们人类总是去追求某一个特定的"一面"。

一味地追求"积极的一面""好的一面""高的一面""快乐""成功"。这种只是去追求其中一面的行为，势必导致当事态向相反一面发展时的无比失望的情绪的产生。

能看清秋千全貌的人，他会明白"看似获得了'一面'，但实际上也失去了'另一面'"这个道理。

似乎是"失败"了，但是这也恰恰是"成功"的开始。

似乎是"在失去"，但实际上"在开始获得"。

因此，要想从"一面发烧友"变成"两面发烧友"，从网络上检索爱迪生的图像并牢记于心。然后心想着爱迪生的图像，反复念出下面的话：

"我的天！怎么又成功了！！

我现在，可不是

随随便便就成功的时候啊！！！"

这样的话，只是一味地追求某一个特定的"好的"一面的行为，会逐渐土崩瓦解。

waiting...

第 8 章

"宇宙系统"的起源

世界就在脑海中

——"wo"开始的时候

不论是早晨，还是从沉思之旅中回来之时，不论什么时候，"wo"开始的时候，"世界"也随之开始了。

与"wo"的开始同步，"世界"会在我们眼前同时启动。那么，我们眼前的这个"世界"，在"wo"开始之前真的就已经存在了吗？

我们出生前是一个什么样的世界？熟睡的时候是一个什么样的世界？意识模糊的时候又是一个什么样的世界？

如果向谁问一下的话，他肯定会回答"存在"，并告诉我"世界"是早已存在的。

但是，现在的"我"，却在听着不知道是谁说的那番话。

我想弄清楚的是，在现在的这个"wo"来到这个世界上之前，"世界"是否真的存在。

但是，这显然是不可能弄清楚的。

在没有"wo"的情况下，来确认"世界"是否存在的方法是不存在的。

在早晨蒙眬的睡意中，我似乎明白了教授跟我说的那句"世界和我同步"的道理。

加代流：光郎同学！你有在听我说话吗？

光　郎：啊，抱歉。刚才走神了。你也真是，你觉得有必要花上一晚上的时间给我讲《黑客帝国》这部电影的内容吗？

你看天都快亮了啊！你赶紧让我睡会儿吧。

加代流：那可不行。总的来说，《黑客帝国》这部电影告诉我们，**这个"世界"就是一个虚拟的现实世界。**所有的都是假象。

光　郎：世界是假象？怎么可能！世界不就在我们眼前嘛！

加代流同学，你这就是电影看多了吧。

加代流：完全不是。这可不只是电影里的话啊。

实际上，在美国的大学里，通过将人脑与电极相连接，成功创造出了"虚拟现实（Virtual Reality）"。

光　郎：那是个什么东西？叫虚拟什么什么的？

加代流：就是一个"假想的现实"。

话说回来，你觉得"世界"到底是什么呢？

光　郎：嗯，不就是这些吗？

世界，就是眼前这些吧。

加代流：哪些呢？

光　郎：不就是这个房间，这张床，屋子外面的积雪，一望无际的星空。你看，还有外面刚开过去的除雪车。这些不都是世界吗？

加代流： 是的。所谓的"世界"，应该是我们**能够认知的东西**。

光 郎： 能够认知的东西？具体是指什么呢？

加代流： 简言之就是，我们**能够确认的、确实存在的东西**。

比如说床，我们打眼一看，就能够确认它被"放在"那里。

再比如说雪，我们用手一摸，能够切实感觉到它是存在的。

就像这样，我们能够确认到的、切实存在的东西的集合，我们就称之为"世界"。

光 郎： 那是当然。眼睛看"不见"的东西，说明并不存在于这个世界上。

加代流： 要这样说的话，刚才你并没有亲眼看到外面"有"除雪车，你怎么就说它是在外面呢？

刚才，你不是确认了窗户外面也有一个世界吗？

光 郎： 那是因为刚才除雪车鸣笛了。

加代流： 是的，也就是说，你是用耳朵来确认了除雪车是"存在"的是吧？

那要是把耳朵堵上，再戴上眼罩，就不能确认世界的存在了吗？

光 郎： 即便是闭上眼睛、捂住耳朵，用手摸一下，也能确认到"雪是存在"的啊。

加代流： 那要是把手也绑上呢？

光　郎：看不见、摸不到，闻一下味道，也能知道"加代流就在眼前的世界里"啊。

加代流：那要是把鼻子也堵上呢？

光　郎：我现在得是多惨的状态啊！！眼睛被蒙着，耳朵被捂着，手被绑着，鼻子里还被塞满了纸巾！

加代流：对了，昨天咱们一起看的那个综艺节目《艺人等级鉴定》，那些艺人们不也是这种状态嘛。而且在这种情况下要猜出眼前的食材"是否是高级食材"。

光　郎：啊，我知道了，舌头！

看不见，听不见，没什么气味，但是通过尝到味道也可以确认某个东西是"存在"的。

只要能够确认有东西"存在"，那就是世界。

加代流：没错，这5项就是被称为"五感"的感应器。

是"wo"用来确认"世界"的装置。

顺便提一句，如果在刚才那个状态下，手再被绑上，而且也没有味道的话，世界是不是就不存在了呢？你无法取得任何可以确认的信息。

光　郎：那不会。就算我的手被绑上，什么都看不见，什么也听不到，没有气味也没有味道，世界仍然是存在的。

加代流：为什么你能那么肯定"世界是存在的"？证据呢？证据在哪里？

光　郎：**可以通过想象。**

即便是漆黑一片，毫无声响，也可以想象世界就在自己眼前。肯定有人，就在眼罩的对面。

加代流： 是的，那就是第六感。

"想象"，也是"wo"在确认某样东西时的方法之一。

这样一来，所有的演员都集齐了，让我们回到美国的实验室吧。

首先，通过传感器来确认外部"世界"的器官共有 5 个，我们也称其为"五感"。思考是属于内在的要素，我们先将其排除在外。**人类就是通过五感来确认外部的"世界"。**

床是可以看到的，于是我们认为外部有"世界"。

车的声音是可以听到的，于是我们主张外部有"世界"。

因为我们身体上的 5 个感官会产生反应，所以我们能够主张，"我"的外部的确是有"世界"存在。

那么，确认外部世界的这些感官都在哪里呢？

光 郎： 眼睛在这里，鼻子在这里啦。

都是正常人，确认外部世界的感官的位置，当然是都一样啦。

加代流： 咦？你小子也是正常人啊？

是啊，也就是说，你的"眼睛"这一传感器的深处与大脑相连，并负责把电流信号传送到大脑。

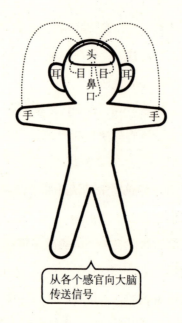

从各个感官向大脑
传送信号

"眼睛"之外的其他的传感器，同样也是不断地向大脑传送信号。

美国大学里做的实验，正是聚焦这一点的。

从眼睛传向大脑的电流信号，与这完全相同的信号直接传送到大脑的话，大脑竟然就能认知到世界的存在。

向失明的人的大脑里传送电流信号，竟然能够成功地在大脑里看到"图像"。

光　郎：这个太厉害了！

加代流：而且实验还进一步验证了，向**"鼻子""耳朵""舌**

头""手"所关联的部位传送电流信号的话，大脑里就能非常完整地形成一个"世界"。

而且，形成的那个"完整的世界"，与我们现在实际看到的这个世界没有任何一处不同。

因为，现在我们所做的任何一件事情，都是通过电流信号将"世界"印在我们的大脑里。

实际上，只有在人的大脑里，是没有"世界"的。

就像电影《黑客帝国》一样，外部是不存在"世界"的，外部所有的就只是电流信号，以及在大脑里通过电流信号所形成的、那个人的"世界"这一虚拟现实而已。

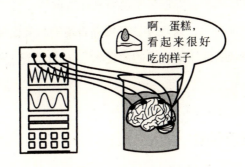

光　郎：　听着怪吓人的。外部没有世界啊……

　　　　所有人大脑里有的，就仅是他自己的"世界"。

　　　　话说，直接给大脑通上电流，这么可怕的实验，美国人还真敢做啊。

　　　　不愧是巴比伦。

加代流：试验并不难的。因为只有 5 个传感器而已。除了这些
之外，人类没有其他方法来确认世界是真实存在的。

"看（视网膜传感器）"

"听（鼓膜传感器）"

"嗅（嗅觉黏膜传感器）"

"触（感觉点传感器）"

"尝（味蕾传感器）"

只要向这 5 个感觉器官传送电流信号，大脑里就会出
现与我们现实世界完全一样的"世界"。实际上，我
们嘴里说的眼前的这个现实的世界，也是以同样的原
理形成的。外部本来就没有什么世界。

**外部有的，只是存放在世界各地的人类西装，那里面
有被启动了的武术的"世界"，仅此而已。**

"你"和世界年龄一样大

加代流：就这样，能够感知到大脑里形成的这个"世界"的，
便是"wo"。所以，"wo"和"世界"总是同时出现。

光　郎：为什么呢？

加代流：因为"wo"是感知这个"世界"的一个存在。
没了"wo"的"世界"是不成立的。

光　郎：有道理啊。

能够去感知的"wo"若是不存在的话，世界又怎会被感知呢？

去确认某件事情的"wo"不存在的话，世界是不会被确认的。

……

嗯？

也就是说，在没有"wo"的地方，也就不存在"世界"！

加代流：刚才不就一直在说这个嘛。穿上人类西装的话，"世界"和"wo"就会被同时启动。仅仅启动其中的一方是不可能的。

光　郎：但是，在我熟睡的时候，这个世界是存在的吧？

就刚才睡着了的时候，世界确实是存在的吧？

加代流：即便是别人说"在你熟睡的时候，世界也是存在的"，但是最终听到这句话的还是"你"本人。

这也就是说，"wo"和"世界"仍然是同时出现的。

因为还是"wo"在确认"世界"，这一点是没有变化的。

光　郎：不过，即便是别人不那么说，在我睡醒之前，世界不也是存在的吗？

加代流：为什么会那么说呢？光郎，你在熟睡的时候，既没有看到世界，也没有摸到世界。你根本没有确认到世界是"存在的"啊。

光　郎：可以想象到啊！

在我睡醒之前，世界"应该就是存在的"。

在我熟睡的时候，这个房间是存在的，床也是存在的，床上的我那健硕的身体也躺在那里。

加代流：这结果，不还是出现了"wo"嘛。与被你想象的那个世界一起，在想象的"你"也同时出现了。

光　郎：还真是啊。

加代流：都跟你说过了，没有例外。

"世界"和"wo"总是同时出现的。

穿上人类西装，已经准备好的"世界"便会被启动。

与此同时，享受那个"世界"的"wo"也会被启动。

只有"世界"这一个全息图被启动那是不可能的。

享受"世界"的那个"wo"，也会同时被启动。

也就是说，"世界"出现的同时，"wo"也会被启动。

"世界"停止的时候，"wo"这个程序也会被终止。

光　郎：哇，这个厉害了。永田说的那个"同岁"理论，不就是这个嘛！

因为它们都是同时出现的，所以出现的总体时间也是一样的。

没有"wo"的地方，也就没有"世界"。没有"世界"的地方，也就没有"wo"。"wo"与"世界"总是成对出现的。

世界和"你"，总会形成镜子关系

加代流：接下来说说宇宙系统最不可思议的一点。

"wo"和"世界"，总会形成镜子关系。

"看的人^我"与"被看的东西^{世界}"

"听的人^我"与"被听的东西^{世界}"

"摸的人^我"与"被摸的东西^{世界}"

"闻的人^我"与"被闻的东西^{世界}"

"尝的人^我"与"被尝的东西^{世界}"

看吧，

"世界"和"wo"，总是形成一种正好相反的关系。

而且，形成一个，任何一方绝对不会只单方面出现的系统。之所以会形成这样的系统，我们也可以从二者之间的关系中看出端倪。

"wo"和"世界"的关联性

尝的人	闻的人	摸的人	听的人	看的人	我
		↕			
被尝的东西	被闻的东西	被摸的东西	被听的东西	被看的东西	世界

光 郎： 镜子能给出答案?

加代流：你说，只有"看的人"一方存在，这有可能吗?

光　郎：　没有可能。

要是有了"看的人"，那么眼前就一定会有"被看的东西或者人"。

也只有这样才能够认定，那个人是"看的人"。

也不可能出现只存在"听的人"一方的现象。

只有世界上有了"用来听的声音"，才会有"听的人"。

原来是这样啊，必须是成对出现才可以。而且，充当"wo"这一方的五感传感器，都是如此。

不可能只存在"摸^我的人"。

只有存在"用来被摸^{世界}的东西"，我才能够成为"摸的人"。

也不可能只存在"闻^我的人"。

只有在世界上存在"用来被闻^{世界}的气味"，我才能够成为"闻的人"。

翻转过来的"世界"，正好证明了"wo"的存在。

加代流：　查了一些资料，反过来同样也是成立的。

仅"世界"一方出现也是不可能的。

也就是说，只存在"用来听的声音"是不可能的。

只有听的人"wo"存在了，才能够让"用来听的声音"的存在也成立。

在"世界"的面前，总会有"wo"的存在，而且，两者形成镜子关系。进一步说，这种镜子关系，还不仅

是只存在于五感传感器上。

光　郎：　此话怎讲?

加代流：　作为第六感的思考和想象，同样也是存在对立关系的。
如果有 "在想象龌龊事情的我" 的话，那就一定会有
一个 "被想象的龌龊事情的画面"。烦恼也是这样的。
如果有 "愁眉苦脸的我" 的话，那就一定会有 "愁眉
苦脸背后的事情缘由"。梦想、愿望、欲望也都如此。
"想要一辆奔驰跑车" 的我的世界面前，一定会有 "被
幻想拥有的那辆奔驰跑车"。"向世界撒怨气" 的我的
面前，一定会有 "让我生气的世界"。**我们生活的现
实就是，在 "wo" 的面前总会有一个完全对立的 "世
界" 出现。**

光　郎：　为什么这么简单的关联性，我们一直都没能察觉到呢?
人生的每一个瞬间，回想一下，都是镜子关系。
我们 "想要得到什么" 的时候，就一定会有 "想要被
得到的某个东西"。
"我正在看大海" 的时候，眼前就有 "大海" 的存在。
"动手打" 的时候，就会有 "被打" 的某个人或者物。
这些每时每刻都在发生着。
"wo" 的面前，总会有翻转过来的 "世界" 出现，这
么简单的道理怎么一直就没能察觉呢……
难道我们就这么无知吗?

加代流： 可能你没有看清，**人生其实就是由无数个"瞬间"堆积起来的这个道理**吧。

就在你看的那一瞬间，眼前就有被看的东西存在。

就在你听的那一瞬间，耳旁就有被听到的那个声音。

这一切都是完全对立的，这些对立关系从"瞬间"的角度去理解的话会更加明白一些。所有的瞬间都是对立的关系。而且，都以"瞬间"来看待的话，也就很容易理解，所有对立物的大小也是一样的。

光　郎： 永田也说过，"世界"和"wo"完全一样大。但是，我还是觉得世界就是比我大啊。转过身来，身后也是世界啊。

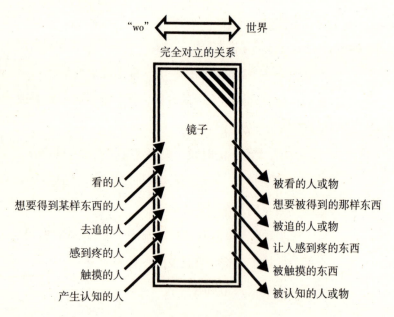

加代流： 从"瞬间"的角度来看的话，应该会好理解吧。

在你看眼前的那一瞬间，你的眼睛传感器所感受到的范围就是"世界"。

这样的话，"wo"所感受到的量，和"世界"让我感受到的量就正好一致了。

接下来的一个瞬间，当你转身向后看的时候，在那个瞬间，你的传感器所感受到的量，就是那个新的瞬间的"世界"的量。

所有的瞬间里，"感受的人"与"让人感受到的世界"，如果二者大小是不完全相同的话，是不是很不合理啊？

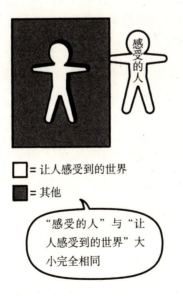

☐ = 让人感受到的世界

■ = 其他

"感受的人"与"让人感受到的世界"大小完全相同

光　郎：　的确是。从瞬间的角度来看的话，"感受的人"和"让人感受的东西"大小应该是完全相同的。

"烦恼的人"与"让人感到烦恼的事情"大小一致。

"想得到奔驰车的人"与"想被得到的那辆奔驰车"大小一致。

"看的人"与"被看到的人或物"也是大小相同。

这个厉害了。

人类西装理论（别称"光郎理论"）的问世就在眼前了啊！

①"世界"和"wo"同时出现，

②二者大小相同，

③二者呈完全对立关系。

这个理论，目前世界上还没有一个人发现吧？

加代流：　谁说没有人发现啊，永田他不早就说过这话嘛，你有好好听吗？在被称为量子力学的物理学研究领域中，这个理论被称为"观察者效应"。

观察者认为，在他观察之前，并不存在世界。而且，一部分学者还更加大胆地提出，观察者采取了观察的行动，才造就了世界的产生。

光　郎：　厉害了，你不觉得我就跟神灵一样很神吗？

我在观察确认之前，世界竟然不存在。

没有我，就没有世界。

从今往后，你可以称我为神了。

加代流：没门儿，我也是神。

以上，就是我依据电影《黑客帝国》的内容，自己调查的信息。

光 郎：真羡慕你小子啊。看看电影，听听雷鬼音乐，就能写出毕业论文了。

但是，话说回来，宇宙为什么会成为这样一个特殊的系统呢？

加代流：谁知道呢。我还要去打工，拜拜了。

宇宙，就是从"一个点"的分裂开始

门被关上的同时，屋子里传来了大笑之声。

恶　魔：……哈哈哈。

　　　　已经研究到核心部分了。

光　郎：但是，宇宙为什么会形成这样一个系统还没弄明白。

恶　魔：本座可以告诉你"宇宙系统"的奥秘，不过你是不是
　　　　也应该使用敬语跟本座说话了。14 年后的你，可是
　　　　恭恭敬敬、双膝跪地听本座讲话的。

光　郎：那不可能吧？

　　　　我的性格要是变成那样的话，那不就变成另外一个
　　　　"人"了吗？

恶　魔：就是变了一个人啊。

　　　　每一瞬间，都会出现一个不同的"wo"。

　　　　这个宇宙所有的地方，所有的瞬间，出现的都是不同
　　　　的"wo"。话说回来，"wo"，到底是谁？

光　郎：你怎么还反问回来了。这是我问你的问题啊！

恶　魔：你看吧，现在就有一个"wo"。我呢，就是一个听者。
　　　　世界之声的"倾听者"，就是我。而且，看的人、思考
　　　　的人、闻的人，以及感受的人，都是我。

　　　　认知的主体就是"wo"。

光 郎：是啊。当我们面向大海的时候，"看海的一方"便是我，
"被看的一方的大海"便是世界。

确认"世界"的一方就是"wo"。

恶 魔：再简单一点地说就是，**"wo"，就是感官传感器的集
合**。是宇宙自身的传感器。

所有的"wo"都是如此，都是置于宇宙中的、宇宙的
传感器。

不仅是人类，宇宙中所有的生命体都是如此。

以传感器为分界线，把"世界"和"wo"分割开来。

用来"认知"宇宙自身的传感器一方就是"wo"，通
过传感器宇宙自身被"认知"的一方就是"世界"。

"看的一方"是我，"被看的一方"是世界，最终结果
就是双方都是宇宙本身。

光 郎："世界"和"wo"，都是宇宙本身？可为什么像是宇宙
在唱独角戏呢？

完全不能理解。

恶 魔：那，就先给你说一说宇宙是怎么形成的吧。

你知道 BIGBANG 吗？

光 郎：当然知道。能唱能跳的韩国的超人气偶像团体宇宙大
爆炸（BIGBANG）。

恶 魔：没错。宇宙的起源就是随着一声巨响（BIGBANG）开
始的。也就是距今 147 亿年前的事情。

光　郎：原来如此。我可真是受教了啊。

　　　　逗哏的完全忽视捧哏的抖出的包袱，这个宇宙里，没有比这更糟糕的事情了。

　　　　真不愧是恶魔，对我之前的玩笑的报复心真是让人毛骨悚然。

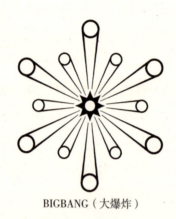

BIGBANG（大爆炸）

恶　魔：在大爆炸之前，你觉得宇宙是什么样的呢？

光　郎：大爆炸发生之前的宇宙，就"只是一个点"吧。

　　　　科学家们不是将那个点称为"奇点"吗？

　　　　相关知识我在图书馆里都查过。

　　　　现在宇宙中的所有物质和能量，

　　　　都集中在"那一个点上"。

恶　魔：没错。**星星、人体、大海、高楼大厦**，这个宇宙中的所有的物质都凝缩在那一个点上。

但是，你们人类听了这个解释，是不是会认为"一个地方聚集了无数的物质"呢？

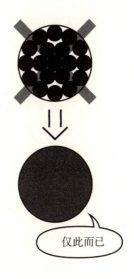

仅此而已

光　郎：是啊，难道不对吗？这个宇宙中所有的物质都紧密地聚集在了一个狭窄的地方。

恶　魔：那种理解是不正确的。这个宇宙中所有的物质，如果都凝缩到"一个点"上的话，会因为超高密度、超高能量而导致原子核的聚变。

也就是说，所有物质之前是不存在"分界线"的。

所有的物质是作为"一个整体"而存在着的。

光　郎：原来如此，并不是 100 万亿个物质聚集在一个地方，而是完全作为"一个整体"存在着。

大爆炸发生之前，宇宙就是"一个整体"。

恶　魔：没错，就是一个整体而已。

仅此而已。而且，这个"奇点"承载着一切。

"这一个点"是宇宙中的万物的根源所在。

你可以想象一下这个"奇点"。

光　郎：也就是说，宇宙中所有的物质都被凝缩到了"一个"点上。

宇宙的发展历史一点一点地向后追溯的话……

因为大爆炸而被零碎瓦解成的 40 万亿个物质，凝缩成 20 万亿，又从 20 万亿凝缩到 10 万亿，再从 10 万亿凝缩成 5 万亿……

于是，到了最后……所有的物质，融合成了一个……点……

恶　魔：那你脑海里现在想象的是什么呢？

光　郎：怎么说呢？就像圆球一样的一个发光点点……

洁白、柔美的光？非常的耀眼。

就那一点的光芒……

是爱，那里……只有爱……

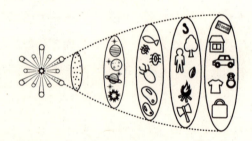

恶　魔：No No No，完全不着边际。

爱是什么东西？

光　郎：不是那样的啊！我还沉浸在浪漫的想象中，这是丢死人了啊！自己还说什么"这里，就只有爱……"。

恶　魔：听好了，我说的是，这个宇宙中的所有的物质聚集的那一点啊。你刚才那可是犯规的。

光　郎：怎么就犯规了？就因为我扮演了一个令人讨厌的家伙？

恶　魔：如果是"这个宇宙中所有的物质"的话，刚才正在想
　　　　象的你也要被包含在那个"点"里。

出现两个点，这是犯规

奇点（宇宙的全部）　　想象奇点的"wo"

光　郎：啊，是啊。我也是由这个宇宙的物质组成的，所以说
　　　　在大爆炸之前就已经被包容在那"一个点"里了。也
　　　　就是说，如果我也被吸收在那一个点里的话，分界线
　　　　完全消失变成了"一个整体"……

　　　　嗯？阁下，不对啊。要这样说的话，那岂不是谁都无
　　　　法想象"奇点"了吗？

　　　　因为宇宙中别无"他物"。

　　　　宇宙的全部就是那"一个点"，从外部对其进行"想象
　　　　的人"不可能存在。

恶　魔：没错。大爆炸之前，宇宙只是"一个整体"。除此之外
　　　　别无他物。也就是说，没有人能够"想象"。

　　　　要想实现想象，最少也需要"两个"物质：

　　　　"想象的人"与"被想象的物"。

光　郎：那你这不就是个要人的问题吗！竟然让我去想象一个无法想象的问题。

奇点（宇宙的全部）

"一个整体"之外
别无他物的宇宙

被想象的物

想象

想象的人

恶　魔：宇宙的起源，本身就是个要人事件。

　　　　因为对此我们无从下手，除了宇宙"别无他物"。

　　　　别说想象了，我们无法采取任何一种"行动"。

光　郎：是啊，就像你刚才说的那样：

　　　　想要实现"看"这一行为，必须有"看的人"与"被看的物"。

想要实现"听"这一行为，必须有"听的人"与"用
来听的声音"。

要想实现"摸"这一行为，必须有"摸的人"与"被
触摸的物"。

像这样，二者的共同存在是最低条件的要求。

我刚才向提出了一个要人问题的阁下发了火，要想实
现"发火"这一行为，必须有"让我发火的一方（阁下）"
和"发火的一方（我）"的共同存在才行。

至少需要两方的存在，否则任何"行为"都无法实现。

实现"看"的行为

被看的一方　　　看的一方

只有一个点存在的话
无法实现"看"的行为

恶　魔：没错，只存在"一方"的话，什么行为都无法实现，
也无从下手。当然，也无法体验。

想要"体验"，必须有"体验的人"与"被体验的事"的存在。

光 郎：那么，大爆炸之前的那个宇宙，岂不是相当无聊啊？

恶 魔：你想起来了吗？

光 郎：咦？想起来什么呢？

恶 魔：你，就是那个奇点。

光 郎：你这家伙，是不是故意的啊？

昨天的便当里有些什么菜我都记不住，你竟然让我去想 147 亿年前的事情？

从理论上讲，现在构成我身体的所有的分子，都来自于大爆炸之前的那"一个点"，这一点我是完全明白的，奇点的事情怎么可能记得！

恶 魔：会想起来的。昨天也好，147 亿年前也好，从之前说的"一瞬间之前"的角度来看的话，都是一样的。

总之，那时的宇宙任何行为都无法发生，因为它只有"单方"存在。所以，本座尝试着导入分裂的视点来对宇宙的存在进行解释。

在一分为二的瞬间，宇宙却变成了三个？

光 郎：这个想法可以理解。分裂成两个的话，就可以进行"体验"了。

恶 魔: 宇宙穷尽其所有的能量和质量,一分为二,就是所谓
　　　　的宇宙大爆炸。但是,一分为二的宇宙,却面临着一
　　　　个非常棘手的难题。

光 郎: 什么棘手的难题呢? 不会是像某些偶像团体一样,事
　　　　后后悔"要是我们组合没分裂该多好啊"。

恶 魔: **在一分为二的瞬间,宇宙变成了 3 个。**

光 郎: 一分为二,却变成了 3 个? 什么情况啊?

恶 魔: 在形成"看的一方"与"被看的一方"这两个的瞬间,
　　　　从宇宙整体的角度出发,就会出现"看"这一行为。
　　　　也就是说,在出现"体验的人"与"让人来体验的事情"
　　　　的瞬间,从宇宙整体角度来看,就会出现"体验"这
　　　　个行为。懂了吗?

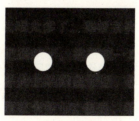

一分为二的宇宙

光 郎: 啊,好像明白了。

　　　　当宇宙还只是"一个"整体,悠闲自在的时候,连"看"
　　　　都无法实现。

也就是说，大爆炸让宇宙得到了"看这一行为"。

你刚才说的那些里面，这个"概念"并没有出现在宇宙里啊。也就是说，经过大爆炸，宇宙一分为三，一是"看的一方"，二是"被看的一方"，三是意外收获的"看这一行为"。是这样的吗？

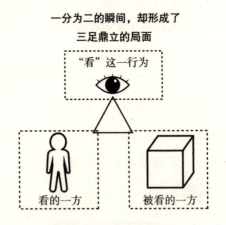

恶　魔：实际上是没有什么顺序的。

这三方，是在大爆炸的时候同时产生的。

比如说，如果"看"这一行为出现在宇宙中的话，就一定会同时出现"看的一方"与"被看的一方"，只有这样，才会产生"看"这一行为。

只是单纯地出现"看"这一行为是不可能的。

正因为有了"被看的东西"，我们才能够"看到"它。

另外，还需要某一位"看的人"，与此同时，"看"这一行为也就存在了。

所有事情，"这三点都是同时"产生的。

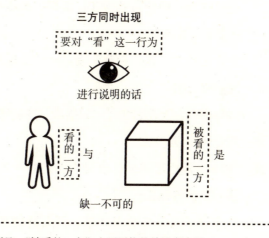

而且，"被看的一方"也不可能是单独存在的。

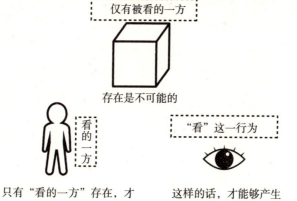

只有"看的一方"存在，才能够确认"被看的一方"　　这样的话，才能够产生"看"这一行为

光　郎：原来是这样啊，三点必须是同时出现，而且是绝对不可分割开来的。

恶　魔：**就这样，宇宙的形成也就从这"三大要素"开始了。**

不仅如此，即便是到现在，所有的物质都是由这"三大要素"组成的。

这个宇宙上，是不存在只有"一方"或者"两方"组成的物质的。

所谓存在，就是包含了"三要素"才能够实现的。

光　郎：那是什么意思呢?

恶　魔：理论还是比较难的，但是你要是想一想桌子腿的话，说不定能够领会一二。

一条腿的桌子完全站不住，两条腿的桌子也不稳当，只有变成三条腿的时候，桌子才会稳定。这就是"三大要素"。

所有的物质，如果没有满足这三大要素的话，那么它是不可能存在的。

只满足一个或者两个都是不可能存在的。

只要它存在于这个宇宙中，就必须要满足"三大要素"。

光 郎：这话，我好像在哪里听说过啊。

好像就是说所有的物质都是由"3 点"组成的……

啊！是加代流说过的"海尔·塞拉西一世"。

三合一的力量！！就是三位一体的理论。

恶 魔：是的，世界上所有的物质，都是"3＝三合一"组成的。

而且，当"分离的三大要素"合为一体的时候，就会变成"能量"。演变成"无"之境界的"奇点"。

光 郎：雷鬼音乐还真厉害啊！竟然看透了这三大要素的内涵。

恶 魔：不仅是雷鬼音乐，世界上所有的神话故事，都贯穿了这"三大要素"。例如《圣父圣子圣灵》与《太阳月亮地球》，以及古代历史书《三贵神》都是这样。

光 郎：是啊，永田好像在研讨课上也说过。

他说人类的身体是由蛋白质组成的，

蛋白质是由氨基酸组成的，

而氨基酸是由分子组成的，

分子是由原子组成的，

而原子又是由"质子"、"中子"和"电子"组成的。

也就是说，从结果来看，只要存在"质子"、"中子"和"电子"，就可以生成存在于这个宇宙中的所有的物质。

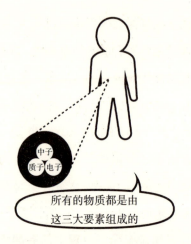

恶　魔：没错，所有的物质都是由这三大要素组成的。而且，

这个"三大要素"理论不仅限于物质构成这一个方面。

这个宇宙中所有的事物都是由这"三大要素"组成的。

行为、思考、愿望等都是如此。

例如，所谓"认识"，就是"去认识的人"和"被认识

的物"；

所谓"需求"，就是"有需求的人"和"被需要的东西"

之间的一个关系性；

所谓"愿望"，就是"想实现愿望的人"和"在远方的

梦想"之间的故事；

"知道"这一行为，就是"知道的人"和"被知道的知识"

之间的相遇；

所谓"搞笑"，就是"笑的人"和"让人发笑的艺人"

之间的碰撞。

　　就像上述这些一样，截取宇宙中的任何一个地方、任何一个瞬间，都可以分成这"三大要素"。因为宇宙本身就是分裂成这三点而形成的。宇宙形成之时，一分为"三"。而且，返回形成之前的话，就是一个"无"的世界。

光　郎："三位一体"，本身不就是"三个共同组成一个"的意思吗？

　　鲍勃·马利的歌里唱道"让我们超越幻想的分离，回到 ONE 的世界"，我终于明白是什么意思了。唱的不就是三位一体吗？

恶　魔：没错。很久以前，宇宙就是"一个"整体。就是 ONE！但是，也正因为它是"一个"整体，所以它什么都做不了。

　　那我问你，你觉得宇宙最大的愿望是什么呢？

光　郎：不是"体验"吗？你想啊，它什么都干不了的话岂不是很无聊啊？宇宙肯定也想"唱唱歌""跳跳舞"。

神也想要一笔巨款

恶　魔：没错。宇宙最大的愿望就是"体验"。

但因为它是一个整体，所以无法"体验"。

那么，为了能够实现"体验"，需要些什么条件呢？

光 郎：为了能够实现"体验"，需要有"体验的人（主体）"和"被体验的事（客体）"。

恶 魔：是的，终于聚齐了，**三大要素就是"我"和"世界"、"体验"。**

宇宙的愿望就是"体验"。为了能够实现"体验"，就必须要有"我"和"世界"。

① 所谓"我"，就是看的人、听的人、感受的人、体验的人。也就是你们这些人类。

② 所谓"世界"，就是被看的东西、被听的声音、用来感受的东西、让人体验的场地。

也就是你们人类说的"宇宙""现实"之类的东西。

而且，也正因为"我"和"世界"产生了分离，才使得宇宙能够一直持续获得"体验"。

三大要素的总称

主体	对象	行为·概念
看的人	被看的东西	【看】的行为
听的人	被听的声音	【听】的行为
体验的人	被体验的事情	【体验】的行为
认知的人	被认知的事物	【认知】的行为
↓总称↓	↓总称↓	↓总称↓
"wo"	"世界"	"体验"

光　郎：明白了。为了能够实现"体验"这一行为，必须将"wo"
　　　　和"世界"分割开来才行啊。

恶　魔：无论是哪个瞬间，都可以使用这三大要素进行说明
　　　　解释。

　　　　例如，在你"眺望大海"这个场景中，必定会出现以
　　　　下三个要素。

　　　　（1）眺望大海的人 = "wo"

　　　　（2）被眺望的大海 = "世界"

　　　　（3）"眺望"大海的"体验"

眺望大海的人　　被眺望的大海

"wo"　　　　"世界"

"眺望"大海

的"体验"

　　　　在你【想要巨款这个场景】中，

　　　　必定会出现以下三个要素。

　　　　（1）想要巨款的人 = "wo"；

　　　　（2）被想要的巨款 = "世界"；

　　　　（3）"想要"的"体验"。

想要巨款的人
"wo"

被想要的巨款
"世界"

"想要"的"体验"

宇宙的任何一个瞬间、任何一个场景，都只会出现"我"、"世界"和"体验"这三者。除此之外，不会出现其他任何新的存在。

光　郎：就只有这三个吗？健次不也在宇宙中吗？

恶　魔：你说的这个场景，宇宙所"体验"的就仅仅是，

（1）主张"健次应该也在"的"wo"；

（2）用语言被说"应该在"的健次这个"世界"；

（3）"主张"这一"体验"。

为了能够实现"主张"这一行为，必须要有"主张的人"和"用来主张的事"。

这样，宇宙才能够实现"主张"这一"体验"。

当宇宙是一个整体时什么都做不了，只有当分裂成三点时才能终于体验"主张"这一行为了。

主张　　　　用语言被说
"健次应该也在"　　"应该在"的健次

"wo"　　　　　"世界"

"主张"的"体验"

光 郎：但是，健次的确在那里啊！

我现在出门去趟游戏厅，健次一定在那里。

恶 魔：这个场景的话，

就是以下三点的分离了。

（1）出门一路小跑的"wo"；

（2）踩在脚下的路这一"世界"；

（3）"一路小跑"这一"体验"。

而且，冲进游戏厅的你，一定会拉着健次的胳膊说：

"看吧，我就说嘛，活生生的一个健次就在这里啊。"

而此时，在宇宙中发生的"场景"就是：

（1）触摸健次的"wo"；

（2）被触摸的健次这一"世界"；

（3）"触摸"这一"体验"。

也就是说，这个宇宙的任何一个瞬间、任何一个场景，

都只会分离成，"wo"、"世界"和"体验"这三点，
除此之外不会有其他任何事情发生。

光 郎：不是吧……宇宙中任何时候都有这三点。

除此之外，别无他物。

不断积累失败与成功经验的人，才是真正的有经验者

恶 魔：真是心累，终于回到刚开始聊的那个话题了。

现在，你觉得"wo"和"世界"为什么是完全相反的
属性呢？

光 郎：难、难道是？

恶 魔：哎呀，你小子的理解能力还可以啊。

光 郎：宇宙也太自恋了吧！！

还时不时地想照照镜子！

恶 魔：看来非得要让你瞬间消失才行了。

光 郎：哎——等会儿……

我想明白了。宇宙本身就只是"一个"整体，当它分
裂成两个的时候，"一边"没有的东西，应该都在"对
面一边"是吧？

反过来说，"对面一边"没有的东西，应该都在"这
一边"。这也就是"完全相反的属性"吧。就像夫妇离

婚时平分财产一样，完全均分成两部分。

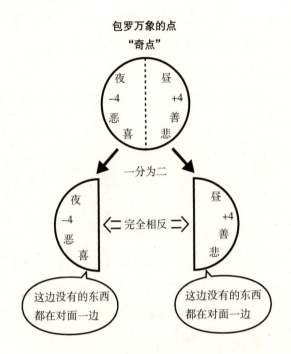

恶 魔：非常好的比喻。囊括宇宙所有物质的"奇点"，因为一
　　　　分为二，"一边"没有的东西，都在"对面一边"。

　　　　也就是说，对面一方的性质应该与自己一方完全相反。

　　　　对方"有的"东西，自己一方"没有"，

　　　　对方"没有的"东西，自己一方"有"。

　　　　就像这样，"wo"和"世界"分裂成了完全相反的属性。

　　　　其实是，宇宙在一分为二时别无选择，只能变成完全

　　　　相反的属性。

光　郎：有道理。正因为是囊括了宇宙中所有物质的奇点，它在分裂的时候，才能够形成像镜子一样的属性吧。

恶　魔：另外，因为"我"和"世界"的关系被称为"体验"，所以结论就变成下面这样：

所谓"体验"，就是宇宙分裂成属性完全相反的两个部分。

徘徊在"正"与"负"之间的就是"体验"。

徘徊在"好事"与"坏事"之间的就是"生活"。

"悲伤过后"的第二天里"露出笑容"的才是"人类"。

"体验"，就是徘徊在属性完全不同的两个极端之间。

光　郎：原来是这样啊！所以我才从冲绳来到了北海道这边的大学。我总是想去离自己最远的地方体验生活，而且总会收获很好的"体验"。这也是因为体验到了两个完全相反的生活的缘故吧。

恶　魔：没错。所以当你想了解某件事情的时候，只要探索它的两个极端就可以了。既有"好的事情"发生，又有"坏的事情"发生，这就是【经验】。

只有经历了"荣光"与"挫折"的人才算是"经验"者。

没有尝过"失恋"滋味的人，哪有资格教人如何"恋爱"？

光　郎：这还真让人为难啊。两个极端，如果不都亲身体验的话……

恶　魔：这不就是之前教给你的秋千法则嘛！

因为所有的事情都包含了两个极端，所以秋千才会来回摆动。

它要去追求"体验"另外一侧的那个极端。

光 郎：什么？秋千法则？这又是什么理论啊？

恶 魔：噢，这样啊……就是在未来的 2017 年里差点被你剽窃了的一个理论。

秋千，总是摆向比现在所在点更高的一个点。

光 郎：这还用你说啊。在最后面积攒上能量，自然也就摆向前面最远的地方啊。这么简单的道理还要剽窃，那人也真是没得救了。

恶 魔：据 2017 年的你本人所言，自己是这个世界上"最无可救药"的人了。总之，结论是很清楚了。你们人类的日常生活，就是从一个"极端"走向另一个"极端"的行走游戏。节食的人，心里总会想着"吃的事情"。拥有越多的人，也就越害怕"失去"。"行善"的人，心里总是忍耐着不去做"坏事"。

能量的这个原理如果能够理解透彻的话，也就自然会明白一个道理，那就是，人类总是从"现在"、从"这里"出发，追求距离自己最远的一个世界。

光 郎：非常理解这种感受。单身的时候，就想有个女朋友。但是有了女朋友后，又想着一个人该多好。我总是在追求一个与现在所在地不同的场所。

恶　魔：想要从这个幻想游戏里走出来，其实很简单。

那就是，不管你现在在哪里，只要在那里尽情享受即可。

那样的话，秋千的摆动也就自然会变得缓慢，

而且最终会停在某一个点上。那时候，你们人类才能真正地获得宇宙的全部。

恶魔的喃喃私语

传统教导

让我们听一下在困境中"不断取得成功"的人是怎么说的吧。

没有尝过

失恋滋味的人，

我们能称他为

"恋爱经验者"吗？

阁下的
"体验世界原理"的作业

让我们来体验一下"wo"和"世界"的那种镜子关系吧。

你在"挠屁股"的话，就会有"被挠的屁股"，

你"想喝水"的话，就会有"被喝的水"；

你"讨厌某个人"的话，就会有"被讨厌的那个人"。

那么……

我	世界
Q1."想吃蛋糕"的话？	→ " "
Q2."想工作偷懒"的话？	→ " "
Q3."想亲谁一口"的话？	→ " "
Q4."想捐款"的话？	→ " "
Q5."想放屁"的话？	→ " "

（答案）A1."用来吃的蛋糕"　　A2."不想做的工作"

　　　　A3."被亲的那个人"　　A4."用来捐款的那笔钱"

　　　　A5."被放的屁"

222

第 9 章

这是一个充满误解的世界

无数的误解形成了这个世界

在"wo"出现之前，我也不知道那时的"wo"是生活在哪个世界里。因为那之前还没有"wo"。但是，当"wo"出现之后，眼前看到的这个"世界"有多美，我还是能够用自己的话来描述说明的。也许可以说，只有我才能够描述说明。或许，那就是"wo"唯一的工作。

这个"世界"是多么的美。

这个"世界"是多么的棒。

我要凭"wo"眼睛所看到的，"wo"耳朵所听到的，"wo"的思维所想象的各种情景对他进行描述。

使用语言，今天也将只有这里才能够看到的这个眼前的美丽的"世界"献给宇宙。

红青黄紫，高矮胖瘦，我的世界里充满了各种不同的色彩和姿态。

恶　魔：每一张画都很漂亮。

光　郎：是啊，孩子们的画里充满了自由，没有一处颜色相同。

没有一个孩子会去想，"正确"的画法是什么，"完美"的构图是什么，"理想"的方向是什么。

梦想～我想从事的职业～

2017 年，在酷热的冲绳，大家正在观赏画作。贴在教室最后面的，36 位"小毕加索"们的作品。一看画风就知道，孩子们没有被要求遵循统一的规则，老师只是给了一个统一的题目而已："梦想将来想从事的职业。"

今天是小学 4 年级的长子克东的家长会。就算在这里，都能听到某位话痨在我耳边的喋喋不休。

恶　魔：不过，已经是开始受到"善"的势力的影响了。

　　　　正在朝着被定义为"正论"的，那唯一的一个方向前行。

光　郎：有吗？在我看来，大家完全是各种不同的方向啊。

恶　魔：那，怎么没有人想当"狙击手"呢？

光　郎：我的阁下大人……自己的孩子还是小学 4 年级，要是听到他说"我的梦想是成为一名狙击手"，做父母的该是一种怎样的心情啊?

可能会悲伤欲绝,眼前一片模糊。

要是那样的话,即便是被狙击我也要全力阻止他这个梦想。

恶　魔:看吧,你已经被世俗框住了。

我再问你,为什么没有人说想成为"陪酒女郎"?

光　郎:我说,你是不是脑袋不正常啊?这么小的孩子,他怎么可能知道"陪酒女郎"是怎么回事啊?

恶　魔:看吧,还是这样。分明是你们剥夺了孩子们的知情权。

你们这些做父母的,故意避开那些话题,把孩子们领向一个所谓"正确"的方向。

看了这些画你还不明白吗? 36 幅画里,全是"正义化身的英雄"或者"英雄"的同伴。

漫画再加上电视,学校的老师再加上家长,甚至是小点心厂家都加入到一个阵营,将孩子们一路指向"正义化身的英雄"所在的方向。

光　郎:不管怎么说,比起让家长难过的"狙击手愿望",还是应该有更多的"要拯救世界和平"的孩子才好。

恶　魔:光这个班里,就有三十多名孩子被教导要"拯救世界和平"。

你觉得这个世界上有多少战争出现你才满意呢?

看了教室后面的画难道你还不明白吗?

有这么多的"英雄"，不就意味着需要有这么多的"恶人"吗？"恶人"不是正在破坏这个世界的和平吗？

为了能够满足"英雄"的需求，这个世界现在必须变得混乱不堪才行啊。

光　郎：你说得也对。有多少人"想变得幸福"，也就意味着有多少"不幸"的存在。因为只有不幸的人，才能够变得幸福。

恶　魔：所谓的"想成为"，它本身就是一个梦想。宇宙还是很仁慈的。当你脑海里出现"想成为"的那个瞬间，"想成为"的这个梦想就在眼前得以实现。"想成为优秀的人"的面前，一定会有一个"不优秀的我"；"想成为幸福的人"的面前，一定会有一个"不幸福的我"。

那个不优秀的我，"想变得优秀"是吧？

那个不幸福的我，"想变得幸福"是吧？

不论是"想变得优秀"，还是"想变得幸福"，都如你所愿，在眼前得以实现。愿望将宇宙一分为二，所以必须要有一个正确的许愿方法。

光　郎：正确的许愿方法是指什么？

恶　魔：恶魔的许愿方法就只有一个。**那就是误解。**除此之外，没有任何方法能够帮你实现愿望。

光　郎：误解？

恶　魔：实际上，"现实"本身都是误解。这个世界，就是由相应的人数所组成的。例如大海，看到同一片大海的时候，有的人会很舒心，有的人却会很难过。如果"大海"只有一个意思的话，那么不管是谁看过大海之后，都应该有相同的感想。如果"大海"的的确确存在于我们的外围世界的话，那么一万人看过之后，一万人的感受都应该是一样的。

不仅大海是这样的，如果"自己外围的世界"存在的话，所有人对世界的看法，就应该只有一个。因为所有人看到的都是"同一个世界"，觉得不可能出现"不同"的意见。但是，今天的世界仍旧是混混沌沌，充满了各种不同的意见。

就连一个原子能发电的对策，都很难取得一致意见。这也就意味着，根本不存在一个所谓的"自己外围的世界"。

光 郎：在量子力学的领域里，不也说，一个人正因为是"那样"看的，所以他"那样"看到的，就是世界。有多少观察者，就有多少不同的世界产生。但是，在讲演会上这样说的话，经常会被听众反问。他们会问，看到"大海"后大家的感想虽然各有不同，但是"大海"本身，谁看了不都一样吗？对 A 同学来说大海是"蓝色"的，对 B 同学来说大海也是"蓝色"的。

恶 魔：就连"正在说'大海是蓝色的'B 同学"，A 同学也都看在眼里的。眼前看到的所有的事情，都是 A 同学的误解。不仅是"大海""B 同学""B 同学所说的话"，A 同学看到的所有的事情都是误解。

自己的外围世界里，根本不存在所谓的"B 同学"。仅仅是 A 同学在自己的大脑世界里，想象了一个"B 同学"而已。一个人眼前的所有事情，都只是那个人在自己的大脑里看到的而已。所以 B 同学才会说，A 同学一定会相信"大海就是蓝色"的。但是，事实上，大海是没有颜色的。而且，"有大海"也是人的误解。那里根本就不存在什么大海，自己的外围世界里什么都没有。**甚至，自己的外围根本就没有世界。**

光　郎：所有物质的源头就像一碗汤一样放在我们面前。当谁
　　　　看过去的那一瞬间，那碗汤就会凝固成"他想看到的
　　　　那个形状"。是这样的感觉吗？

恶　魔：不是的。所有的这一切，都是误解。世界上所有的一
　　　　切，都是误解。观察者如果不是特意地去产生某种意
　　　　识的话，眼前就不会出现任何东西。就连"眼前"这
　　　　个概念都没有。

　　　　任何一种物质，他看上去的那种状态，就仅是你自己
　　　　所看到的"形状"。

　　　　婴儿，看不到大海与天空的分界线。从哪里到哪里是
　　　　"大海"，从哪里往上又算作"天空"，这些根本就没有
　　　　一个界线。

　　　　如果有一天，有人告诉你"从这里往上就是天空"，那

么正确的"天空"的形状就形成了。而且，剩下的部分，也就形成了一个正确的"大海"的形状。眼前原本什么都没有，人类对眼前的风景有多少的误解，就会有多少的"形状"被形成。例如"从这里到那里就是××这样的形状"。观察者相信它是存在的，所以看上去也就是那种"形状"。

但是，物质的一切，世界的一切，根本都是误解。

"有世界"是一种误解；

"有我"也是一种误解；

"有误解产生"本身就是一种误解。

有钱人，都是自我感觉良好之辈

光 郎："有误解产生"，本身也是一种误解。

你说的这些烧脑的道理，以后还是写到般若心经或者我的书里面吧。你还是快点告诉我，之前说的那个使用"误解"来实现梦想的方法吧。比如，变成有钱人的方法。

恶 魔：所有的一切都是误解的话，自认为"自己是有钱人"的人，只是在看"有钱的自己"这个"世界"。并不是说存在"有钱"这个不变的事实，而仅是那个人的误解，认为自己是有钱人。

光 郎：虽然我手里没有 3 亿日元，但是有钱人那里的确有 3 亿日元啊。

恶 魔：那只是有钱人对自己的误解，自认为"拥有 3 亿日元"。而你呢，也只是对自己有误解，自认为"自己没有 3 亿日元"。你们之间，只是"误解"的程度不同而已。

光 郎：按你这么说，那我要是自认为"自己有 3 亿日元"的话，就能够创造出那个"世界"？

要是真那样的话，我就天天祈祷自己有 3 亿日元。

恶 魔：为什么要祈祷呢？那是因为你自己根本就不相信它能实现！**相信的人，不会去祈祷。祈祷的人，自然不会相信。**你小子一直在祈祷"让我拥有 3 亿日元"吧。所以，你的愿望不会实现。祈祷本身，就是你"不相信"的证据。

光 郎：那已经拥有 3 亿日元的那些人，他们是怎么得手的啊？就是现在手里已经有了 3 亿日元的那些家伙。

恶 魔：都是些自我感觉良好之辈。King of 自我感觉良好之辈。**这个世界，到处都是误解。在产生"如此"误解的人的面前，就会有一个被"如此"误解了的世界的出现。**自认为"自己个子高"的人，正在看着个子高的自己；自认为"自己幸福无比"的人，正在幻想着一个幸福

233

的世界；自认为"自己很有钱"的人，正在幻想着，自己坐在泳池旁边摸着暹罗猫的脑袋的那一幕。

你想想，如果大家都在这个充满误解的世界里，共同许愿"我想过得幸福"，你觉得这个世界会怎样呢？

光 郎：大家都会看到一个不幸福的世界……

因为，接下来将会出现"我想过得幸福"这一愿望得以实现的体验。也就是说，**祈祷想过得幸福的这些人，他们都在内心深处认为自己现在"过得不够幸福"**。

恶 魔：是的。因为他们搞错了许愿的方法，所以误解才会越来越深。他们误解了"误解的正确打开方式"。啊——哈哈哈。

光 郎：你这冷笑话，有什么好笑的吗？

恶 魔：切！总之，你这个自我感觉良好的家伙，也给本座听好了。**你越是祈祷"我想过得幸福"，"现在过得不幸福"这一误解也就会越根深蒂固！！**

你就好好学习镜子原理吧。镜子里是反射出来的"世界"，所以你也是祈祷"想过得幸福"，镜子里就越清楚地反射出"目前不幸福的证据"。

面对镜子大喊一声"我想过得幸福"，镜子里面就会反射出"你现在就只有30万日元的存款"；你再大喊一声"我想过得幸福"，镜子里面就会反射出"你的右膝

盖隐隐作痛"。你越是大喊"想怎样"，镜子里就越会
反射出你"想的那个世界"。

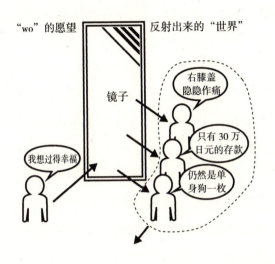

"wo"的愿望　　　　　反射出来的"世界"

镜子

右膝盖
隐隐作痛

只有 30 万
日元的存款

我想过得幸福

仍然是单
身狗一枚

所以，同一个"想怎样"的愿望，不要再喊第二遍了！

这个世界里已经充满了误解，你们需要的就仅仅是"已
经，实现了"这一个误解而已。就像"已经，完成了"
这样的误解，"已经，治好了"这样的误解。

光　郎：明白了！不要总想着"想怎样"，而是要想"已经怎样
　　　　了"。这才是真正的"误解"的内涵所在啊。

　　　　不知道你有没有听说过这样一个故事。有一个右腿膝
　　　　盖骨折的人，有一天，他决定不再去想"我的右腿膝
　　　　盖好疼"，而是去想"我的左腿膝盖是健康的"。他的
　　　　意识从"还没有"到"已经有了"的一个转变，使得

235

他的骨折迅速康复。

对大脑来说"右"也好，"左"也好，"膝盖"也罢，都不重要，重要的是那个人不停地去想"我是健康的"。在大脑里有意识地去想 100 次"我的左腿膝盖是健康的"，那么他就已经开始产生误解，认为"自己已经治好了"。但是，在大脑里有意识地去想"我的右腿膝盖还没好呢"，那就正如他的误解所愿，一时半会儿是治不好的。

从"还没有"，到"已经有了"，就这样一个小小观念的转变，病痛就"能够扔掉了"。

恶 魔： 是的。**病痛是可以"扔掉的"**。生病，只是你们的误解而已。不幸也是可以"扔掉的"。幸福也只是你们的误解而已。大喊"我想过得幸福"的人，刚才不还说"我只有 30 万日元的存款"。但是，大喊"我可能算是过得比较幸福的"人，"我一定是过得非常幸福的"人，他们却会说"我已经有 30 万日元的存款了"。他们看到的现状都是完全一样的，但是他们所进入的世界却完全不同。

你们要一直大喊"已经足够了"，而不是去一味地追求"还不够"。 在这个充满误解的世界里，要想取胜，就要看你能多少次地产生"已经完成了""已经好了""已经发生了"这样的误解了。

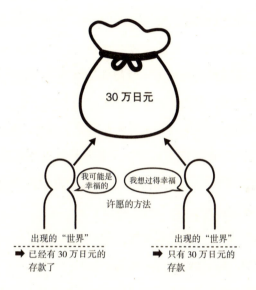

光　郎：从"还没有"到"已经有了"，从"还不够"到"已经
　　　　足够了"，最终也就是，你的意识偏向哪一方的问题
　　　　而已。

　　　　还是跟刚才那个医院的故事一样，有一位一直查不出
　　　　病因的女性，受尽头疼病的折磨。她先来到了脑外科，
　　　　问大夫："大夫，我身体是哪里有问题呢？"但是从拍
　　　　的脑部片子来看没有任何异常。于是她又来到了内科，
　　　　然后问大夫："大夫，我身体是哪里有问题呢？"但是
　　　　尿检等检查中也没有发现什么异常。然后她又去了消
　　　　化科、皮肤科，还去了大学附属医院，就连算命先生
　　　　那里都去过，就是查不出任何问题。最终，她来到了

一位大师那里，然后就问大师："大师，我身体是哪里有问题呢？"于是大师就跟她说，**"你说的那句'我身体是哪里有问题呢'就是你的病因"**。最终，就是这么一句话，治好了她的头疼病。

一直想着"我一定是哪里有问题"的她，除了"误解"，身上没有任何的病灶。**一直对现状产生怀疑的那个姿态，最终只会让现状更加恶化。**这个话我在讲演会上只说过一次，那反响太强烈了。

恶　魔：切！你小子还想跟本座分个高低上下啊！

你知道为什么反响那么强烈吗？

完全不感兴趣！总之，这个世界上到处都蔓延着所谓的"正论"。

他们总会高呼"变得更好吧"，这话本身就证明了"目前的状况并不好"，他们已经在否定"现状"了。

什么"吸引异性的方法"之流啦，"积攒财富的什么心理学"之类啦，"抓住幸福的法宝"，等等啦，都是在否定现状。所有的这些矢量都是完全相反的。无一例外，他们让"还不够"成为现实。

拼命寻求幸福的人，现在是最"不幸福的"。要想消除这种"误解"，只需要改变一下许愿的方法。**你要有"我已经完成了"这样的误解，你要有"我已经实现了"这样的误解。**对我来说，已经拥有了足够多的东西。

这就是，恶魔的误解理论。不管是谁，都能够立刻学会。不需要花钱，也不需要动手，只需要你正确误解就可以。这样的话，所有的愿望都将实现，矢量也就会朝着"已经足够了"的方向转变。

恶魔的误解理论

光 郎： 你说的"对充足的误解"，换个词来说就是"感谢"吧？
简单的一句"谢谢"，就能够让事情从不足的方向，转
向充足的方向。

当你"想让左腿膝盖赶紧好起来"，可以说**"我的左腿
膝盖一直是健康的，谢谢"**；当你"想要更多"的时候，
可以说**"我已经拥有很多了，谢谢"**；当你"还没有完
成手头工作"的时候，可以说**"马上就完成了，谢谢"**。

恶 魔： 没错，你要是能够那样去误解的话，所有的事情都会
在一瞬间发生反转。因为宇宙万物都是由"误解能量"
组成的。

天空是蓝色的？

没那么回事，那仅是你的误解。

我过得不幸福？

没那么回事，那仅是你的误解。

不要误解认为"还没有完成"，要能够看穿一点，那
就是"已经开始要完成了"。**很难实现的时候，先想着
"已经开始要完成了"也可以。**一点一点地去想"已经
开始要完成了"。

总之，这个误解理论非常简单。只要你相信"已经，
有了"就可以了。**你只要看穿一点，实际上"世界"**

　　万物都已经遂了我的愿了。第一天见到你的时候，本
座就已经说过，世界上有能够实现任何一个梦想的方
法。就这么简单。你只需要看穿一点，那就是世界万
物，都已经遂了我的愿了。就像你儿子一样。

光　郎：我儿子？

　　光郎从恶魔那里收回意识，向下一看，克东小朋友的同学
大雅，正用小手拉着他的裤子。

大　雅：克东爸爸，你看，克东好搞笑啊。明明是让我们画"将
　　　　来想从事的工作"，就只有克东自己画的是他本人啊。
　　　　他画的是在小学的体育馆里踢球的自己。小傻瓜。

　　那天放学后，我们来到了体育馆。
　　这里比教室里还闷热，光郎接上踢完球的克东后，就开车
往家走。

光　郎：今天踢进了几个球？

克　东：踢进了 3 个呢！

光　郎：今天的家长会上，爸爸觉得小椿同学画得最好。
　　　　花儿画得非常漂亮。

克　东：唉。老师，还有其他孩子的妈妈们，你们大人都是这

么说的。小椿的画儿真棒。

光　郎：但是呢，克东你的画儿是最真实的。

克　东：真实是什么意思？

光　郎：嗯，简单地说就是，大家的画都是"想实现的梦想"，而克东的画呢，是"已经实现了的梦想"。就是"将来"和"已经"的区别。是大人们都把"梦想"的定义理解错了。

克　东：定义是什么呢？

光　郎：**就是大家都坚信"梦想，是在将来某个时候实现的东西"。而且，这个宇宙的原理就是只要你坚信就能够实现。**

对一个人来说，"梦想"就是"在将来某个时候"就能够实现的东西。

克　东：这不是很好的事情吗？

光　郎：我说的是"梦想，在将来的某个时候会实现"啊。那种人生有什么乐趣吗？**你想啊，"某个时候"是永远都不会来到的。**听好了，有人对"梦想，在将来的某个时候会实现"深信不疑，于是他迎来了第二天。

但是，这一天他仍然坚信"梦想在将来的某个时候会实现"。于是3个月过去了。

3个月之后，他仍然坚信"梦想在将来的某个时候会实现"。又过了15年，就算他长成大人，他仍然坚信"梦想，在将来的某个时候会实现"。这能有什么乐趣呢？

克 东：这样的话，梦想岂不是永远都实现不了啊。

那他是不是要在某个时候，产生一个误解，认为自己"已经实现了梦想"才行啊？

光 郎：你小子，这道理都能明白啊。你说得很对。

如果梦想被定义成"在将来的某个时候会实现的东西"，那么，你永远都触摸不到它。必须在某个时机，在心里发现"现在，就在自己眼前，梦想已经实现"，否则梦想毫无意义。

即便你拼命去追，你也永远感受不到"梦想"实现的乐趣。

爸爸年轻的时候，与三个朋友一起，发明了一个叫作"人类西装"的游戏。

克 东：人类西装是什么啊？

光 郎：世界的每一个地方，都有人类西装。早晨，只要你进入一件"人类西装"，就能够享受属于那里的"1 天"。

穿上"有钱人"，就能够体验一把有钱人的生活；穿上"名人"，就能够体验一把明星的生活。

克 东：这个听起来很好玩啊。

光 郎：我们讨论了很多。

还曾认为，我们这些人可能都是穿上"人类西装"之后在生活着。

我们自己可能完全没有发觉，实际上，可能有人正在通过"wo"实现他 / 她的梦想。

克 东：爸爸，能不能听听我的想法，但是你不准笑我。

光 郎：好的，保证不笑。今天不会再有比"小学 4 年级的狙
　　　击手"还有趣的事情发生了。

克 东：我觉得，自己的梦想"已经都实现了啊"。老师问我们
　　　"你们的梦想是什么"？我想了想，现在最想做的就是
　　　踢球，但是我每天都在踢球啊，**没有什么比踢球还想
　　　做的事情了**。所以呢，我就觉得自己的梦想都已经实
　　　现了。但是，老师还是说，你们要好好想想"自己想
　　　做什么"。让我们想"更加不同的""更加特别的"梦想。
　　　但是我怎么都想不出来新的"梦想"啊，**因为我的梦
　　　想已经在眼前"都实现了"啊**。

光 郎：那样不挺好吗？就这样做一个最真实的你，不要受周
　　　围人的影响。

克 东：爸爸，你不会感到心里不安吗？

　　　我可是"没有什么梦想啊"？

　　　别说什么大家都追捧的职业了，我都不想长大。

　　　这样的儿子你能接受吗？

光 郎：那有什么啊。与其被永远都不可能实现的梦想逼得摔
　　　跤，还不如没有梦想。就算你永远都长不大，爸爸也
　　　会一直养你的。爸爸明白这些道理的时候，都已经是
　　　30 岁的人了。

　　　人生真的没有那么一帆风顺的。**我们总是追求"某个时**

机"，但是却永远都迎不来那一天。所以呢，克东，你就做你自己就行了。不用去想"我想变成什么"，不要被那些不着边际的梦想压迫着生活。

但是呢……

克东，爸爸就只有一个想让你实现的梦想。

克　东：是什么呢？你刚才不是还说，"想成为什么"这样的梦想是不可能实现的吗？

光　郎：**狙击手。**

真是让我火大。我都想揍他一顿呢，就是大雅那小子。找个地儿，那什么，把他拉出来，给他打个落花流水！！

克东，你一定要成为狙击手，跟他干一仗！

克　东：要、要冷静啊，爸爸。你先把方向盘握紧了啊。爸爸你每次都这么狠心地对我朋友，我反而都想保护他们呢。

光　郎：那好吧，就只能我自己动手了！！

克　东：你说什么啊。以后不准你再来踢球的地方接我了啊。下次让妈妈来接我好了。你赶紧把方向盘握紧了啊！！

手一握紧方向盘，车子就左右晃荡。

路的前方，是我们应该永远都无法到达的"某个时候"。那里有我们的家。

当怒气消了的时候，"某个时候应该可以到达"的两个人的误解，变成了"已经到达了"。

"已经到了邮局的信箱前面"，"已经到了路边绿化树的前面"，"已经到了便利店的前面"。

从"某个时候"，变成了"已经到达了"。

窗外的景色被甩到车后，两个人的误解不断向前推进。

终于，车里飘来了妈妈做的咖喱饭的味道。这是他们两人没有刻意追求"怎么还没到"，而是不断追求"已经到了"的结果。

恶魔的喃喃私语

传统教导

在将来的某个时候，一定要实现自己伟大的梦想。

这是老土。

梦想，

早就已经实现了。

※ 作者注释

根据量子力学理论，世界万物都是"观察者"的误解，对"自己"产生误解而深受折磨的人，到处都是。

总想着隐藏什么，我也是如此。有一天，讲演会开始前还在撰写书稿，在讲演会开始的 1 小时前，我突然想了很多。

向自己发问："啊，这可怎么好。都到这个时间了我还在写书稿，我就这么不擅长安排时间吗？"

但是，在我想把这话说出口的时候，我换了一种说法。我告诉自己"不是那样的，那只是我的一种误解而已"。于是，我就觉得要将那个误解，进行"重新误解"。简单地说，就是将自我形象重新定位。

"我太不擅长安排时间了"这个自我形象的评价，就只是本人的一个误解而已，于是我对自己说："我，以前，绝对是个安排时间的高手。"

虽然不是阁下的咒语，不过要是念上 10 遍"我可是安排时间的高手"的话，就真能够找到"自己就是安排时间的高手"的证据。这个世界真的是太不可思议了。

就在刚才，还列出了很多"自己不擅长安排时间"的证据，太不可思议了。

距离讲演会开始还有 30 分钟，此时在休息室里的，已经是"安排时间的高手"的我自己了。

借助阁下的力量
找出让世界误解的证据的作业

世界万物都是误解。你们人类现在看到的"现实",也只是你们的误解而已。

所以,对现实产生厌倦的时候,重新找到新的误解就可以了。

因为你们总是误解"还没有",总是觉得还不够,所以你们一直都生活在痛苦之中。

应该误解成"已经拥有了"!

这样吧,本座就使用魔界的力量,帮助一下正在读本书的人吧……

早晨起床,面向北,念咒语:"阁下,我已经完成××了! BARASA!"13 小时以内,本座就将证据送到你的面前。

"切换误解方法"的重要提示,就是以下的关键词句:

"已经,完成了""已经,没问题了"

"非常幸福""拥有了""×× 的好性格"

"我有精力"

请参考这些词句,继续你的误解吧。

waiting...

第 10 章
运气是怎样变坏的

谁都无法让"运气"变好

有个词叫作"忘我"。也就是说，当你对眼前某件事情100%集中精力的话，"自我"就会消失。例如正在跑道上比赛的马拉松选手、对眼前的盆栽全神贯注的园艺师，甚至是聚精会神叠衣服的主妇，忘我的人随时随地可见。

近年来，心理学家将这种现象命名为"心流理论"。忘我在梦中（译者注："忘我"的日语表述为"無我夢中"），也就是说，消失了的"wo"，完全沉浸到了梦境之中。更确切地说，忘我的状态就是"wo"和"世界"的界限消失，完全形成一种梦境的状态。"wo"也没有了，"世界"也没有了。但是，行为本身仍然存在。没有被分割开来的感觉，我又回到了宇宙起始前的状态。

现在，健次就在我旁边，但是任凭我怎么喊他都无动于衷，这就是忘我的境界。此时，为了强制性地让他回到"wo"的状态，只能挥拳打他一顿了。

健 次：好疼啊，你小子想干什么啊！！给我出来！

光 郎：你精神也太集中了啊。走了，回家了。

　　　　专业的游戏玩家要懂得"该放手时就放手"。

　　　　我已经输得精光了。

啊？上周刚买了个"好运手环"，一点效果都没有啊。

健 次：你啊，就傻吧。这个世界上根本就不存什么"让运气变好的方法"。

光 郎：这个手环看起来不像是个真货，但是方法还是有的吧。比如让运气变好的壶或者护身符等。

健 次：我说的不是那些东西，而是说从原理上讲的话是不可能。在书店里要是看到像"让运气变好的最佳方法"这样的书的话，我会忍不住捧腹大笑的。

光 郎：你笑的点跟别人很不一样啊。哪里好笑了？

健 次：你想啊，比如将来你儿子每天都学习超过 12 个小时。

光 郎：你想多了，我是不会结婚的，所以也就不可能会有儿子。

健 次：我只是打个比方而已。你结不了婚的理由我是最清楚不过了，这点你尽可放心。

咱们就先假设，你儿子每天都学习超过 12 个小时，最后考上了东京大学。

面对抱着通知书激动得大哭的儿子，"你小子运气真好啊"，说得出口吗？

光 郎：那还不被骂死啊？那可是我的亲儿子啊。我要真那么说了，他肯定会反驳"我可是凭实力考上的"。

健 次：没错。"运气"和"实力"正好是一对意思相反的词，二者水火不容。100% 靠"实力"考上大学的儿子，使用了 0% 的"运气"。

但是，像光郎你这样的，只有 30% 左右的"实力"却考上了大学，也就是说你使用了 70% 左右的"运气"。20% 靠实力的人，靠运气的比例也就占到 80%。完全没有实力的人，就要 100% 靠运气。总之，**"实力"之外的部分，都被称为"运气"**。

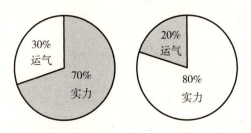

光　郎：厉害了。"运气"和"实力"原来是这样的关系啊。

健　次：那么，实力又是什么呢？

光　郎："实力"不就是自己的能力吗？

健　次：是的，实力就是靠自力去努力。

　　　　所谓自力，也就是"与我有关的行动"。这样的话，运气就很好理解了。

　　　　所谓"运气"，也就是"与我无关的行动"。只要是我参与了，就会涉及自己的能力。

光　郎：咦？要这样说的话……

　　　　还真没有"让运气变好的方法"啊！！因为，在你说"让什么变好"这句话的时候，就已经是自力了。靠自力，让其变好。要想加大"运气"的比例，就必须降低"自己力量"所占的比例。

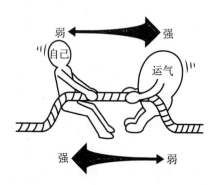

健 次：所以，从结论上说，让"运气"变强的方法，根本就不存在。如果是要变强的话，那也不是"运气"，而应该是"实力"。哎呀！快看（游戏机），我的抽奖机会来了！！

光 郎：有道理！要是完全明白了"运气"的属性，还说什么"让运气变好的方法"的话，那就真是脑子有问题了！

想着"让运气变好"的人所采取的行动，正好相反，会让运气变坏。越是想着让运气变好，运气反而会越来越坏。

健 次：是的。所以呢，我才来玩 PACHISURO（译者注：一种插槽式游戏机）。

天天泡在图书馆里，你能说是靠"实力"来查找信息，对吧？来了 PACHISURO 呢，完全不用任何实力。只靠运气就能够顺利过关！

光　郎：此话怎讲？

健　次：还记得我刚才说的那个能量表盘吧。

　　　　"wo" 努力 80%，运气占到 20%；

　　　　"wo" 努力 60%，运气占到 40%。

　　　　如果我只努力 3%，那么运气就占到 97% 啊。

　　　　只要"我"一点都不去参与的话，运气就会越来越强。

光　郎：你小子，真是天才啊！刚才打你那份儿，允许你打回

　　　　来。来吧！

健　次：那你可扛住了！！

光　郎：哇！你小子不会使上吃奶的劲，100% 下狠手吧！！

　　　　按照刚才说话的逻辑，你不是应该扔掉"自力"再打吗？

健　次：你傻啊。在你说扔掉自力的时候，已经是要使用"自

　　　　力"了！

光　郎：喔？还真是啊！！在说"扔掉自力"的时候，已经是要

　　　　使用自力了！那怎么做才能够让"运气"变得更强呢？

　　　　要想让"运气"变得更强，就必须扔掉自力，但是你

　　　　想着要扔掉自力的这个行动，又是你在参与，在使用自

　　　　力！！也就是说，不管怎样，都无法让运气变得更强。

就在此时，游戏厅的店员拍了拍光郎的肩膀。

游戏币早已用完了的光郎，只好转身去了休息室。

恶 魔：只要善于去"发现"就可以了。

对"wo"来说，没有任何一样东西是能控制得了的，你只要意识到这一点就可以了。

本来，所谓的"自力"从一开始根本就不存在，你只要意识到这仅是一个原理而已就可以了。

光 郎：自力，本来就是个虚幻的东西？

控制你的，并不是"你自己"

恶 魔：在来游戏厅的路上，有一位老奶奶提着一个大件行李正准备过马路。你不是"拉着老奶奶的右手，带着她过了马路"吗？

光 郎：是啊。不过，我这可不是为了拿到通往天堂的门票才那么做的啊。我是看到老奶奶真的很需要帮助，无意识地采取了行动而已。

恶 魔：刚才说的这件事情呢，共发生了三个行为：

① **"接过重物"**；

② **"拉着右手"**；

③ **"快速过马路"**。

这三个行为是由谁发起的呢？

光 郎：都说了是我啊。

恶　魔：那我换个问法，如果当时没有老奶奶在信号灯路口呢？
　　　　②"拉着右手"这个行为会在路口产生吗？

光　郎：要是真出现那种行为的话，反而是惊吓吧。身旁没有
　　　　一个人，我却伸出左手好像跟谁拉着手一起往前走一
　　　　样，这不是恐怖电影嘛！

恶　魔：那就是说，诱发这些"行为"的并不是你。因为让老
　　　　奶奶站在路口的并不是你。而且，教你"要对老奶奶
　　　　体贴"的也不是你自己。所以，刚才说的那些行为，
　　　　并不是你诱发的，而仅是发生了而已。

光　郎：还真是啊。如果老奶奶不在路口的话，那也就不会出
　　　　现②"拉着右手"这个行为。也就说这个行为并不是
　　　　由我发出的。而且，如果从小学开始老师教的都是"遇
　　　　到老奶奶绝对不能善待"这样的道理的话，就算遇到

老奶奶，也不会发生那些行为啊。

我一直认为"拉着右手"的这个行为是由"我"而产生的，但是其实不是那样！那就仅是在世界的大潮流中随便发生的一个行为而已！！

恶　魔：还有，如果老奶奶手里没有拿任何东西的话，那么① "手提重物"这个行为会发生吗？

光　郎：刚才不都说过了吗，手里什么都没有，还要"使劲握着两只手"，不是很吓人吗！

恶　魔：那就是说，"拉着手"的这个行为也不是由你发起的，只是发生了而已。而且，"手关节向上合起可以提起东西"，教会你这个的也不是你自己。所以，你主张"抬起胳膊的是我自己"这个想法也是不正确的。

再者，为什么你伸出了左手呢？

光　郎：啊，是啊。我并没有在心里想着"好，伸左手吧"。

恶　魔：是的，你必须看清这一点。

针对这一系列的行为，你实际上并没有自发地做出任何的决定。

"伸左手"还是"伸右手"，也都没有下意识地去做决定。不由自主地伸出右手，又不由自主地张开了手关节，最后拎起了老奶奶的包。

这些行为动作，与你的意识没有任何关联。

光　郎：妈呀！听起来怎么这么瘆得慌呢，真的跟恐怖电影一样啊。为什么我一直都觉得是"自己做出的行为"呢?
就像放电影一样,仅仅是动作行为在那里发生了而
已啊。

恶 魔: 最后,如果这个世界上没有"交通信号灯"这个东西
的话,③"快速过马路"这个现象会发生吗?

光 郎: 不会,不会!! 在没有"信号灯"的地方,到了 3 点 36
分突然加快脚步行走的话,那我岂不是成了竞走运动
员了!! 正因为有信号灯,所以才"快走"的。

恶 魔: 但是,发明信号灯的并不是你。所以,引发"快速过
马路"这一现象的,也就不是"wo"了。
所有的事情从一开始就已经被设定成那样了。

光 郎: 天啊,这还真是一部恐怖大片啊!!! 影片的主演是
"wo",但是画面就仅仅是各种不受控制的东西在动
而已。

恶 魔: 所有的东西如何运动,都是已经设定好的。看似是由
"wo"发出的动作,但实际上都是按照事先设定好的
在执行而已。
"wo"只是那些行为的见证者,**"世界"上所有的事物,
实际上都与"wo"没有任何关系。**在"世界"上发生
的各种事情中,自认为"这件事情是我做的",这就被
称作"自力"。也就是说,自力都是虚幻的。
只有清楚地意识到这个世界上根本就不存在"自力"

的人，才能够进入天堂（任何愿望都能够得以实现的境地）。

竟然没有一件事情是因为"WO"自己的意识而产生的……

想到这个光郎就像丢了魂儿似的走在路上，在他看来并不是"自己步行走向前方"，而是世界从对面向自己靠近过来。就像船离港时，岸边陆地逐渐离自己远去一样。

赌博让我意识到了自己的无助

健 次：光郎，快看，我中大奖了，游戏币分你一半！！
    快，坐到我旁边来！

光 郎：厉害了！真的中头彩了啊！你有什么秘诀吗？

健 次：我有"护身符"。

光 郎：哈？你不是刚说过这个世界上根本就没有"让运气变好的方法"吗！

健 次：有是当然有了。只要你能够意识到"这个世界上根本不存在自力"这个道理，世界上所有的事情都会变成"幸运"之事。

光 郎：我今天花了30分钟才学会的道理，你就这么轻描淡写的一句话就说明白了啊……

健次，莫非你已经到了大彻大悟的境界了？？

健　次：什么啊，还大彻大悟呢？**玩游戏机的人，谁都知道，这个世界上根本就不存在什么"自力"。**

光　郎：什么？我怎么就不知道啊。

健　次：听好了，游戏机这个东西，在你拉下手杆的那一瞬间，结果就已经定了。"中奖"还是"不中"，当你拉下手杆后，剩下的工作都是机器来做了。"天堂"还是"地狱"，在你拉下手杆的那一瞬间都已经成为定局。

光　郎：你说的这些，我当然都知道了。每次拉下手杆的时候，电脑都会进行内部计算，来决定是"中奖"还是"不中"。

所以啊，有人会说"手杆要是再晚拉 0.01 秒的话，我就中头彩了"，也有人会说"要是在 3 点 32 分拉下手杆的话，我就中头彩了"，还有人会说"和旁边的人一起拉下手杆的话，游戏厅的电压会变弱，就能中头彩了"。

我们不是一直都这样吗，跟打了鸡血一样兴奋？

健 次：是啊，可能就差 0.00000001 秒，电脑的计算结果就不一样了啊。所以，有一阵我们不是还相信什么"吉兆"。相信什么"今天进游戏厅的时候先迈右脚，说不定能中奖"。是不是就连"先迈右脚"还是"先迈左脚"这样微妙的不同，都会影响到我们拉手杆的时间呢？

光 郎：是啊，可能吧。

真诚同学那时候还一直相信"去厕所洗三遍手，一定能中奖"呢。实际上，在厕所里"洗两遍手"还是"洗三遍手"，会影响到拉手杆的时间，电脑的计算结果可能就真的不一样了。

健 次：是的，这就是问题的关键所在。

仅仅 0.00000001 秒的差，"中奖"或者"不中"结果大不相同，这已经超出我们自己所能控制的范围了。

光 郎：啊，有道理啊！！原来是这么回事啊！！我还从来没这么想过游戏机呢。你小子，还真行啊！！

的确是，任凭我们使出多大的"自力"，也无法做出 0.00000001 秒的差啊。所以，就把控制权交给"wo"以外的部分了！！

全权委托就是这么回事啊。

就是要清楚地意识到，我自己的力量"是不会改变什么的"。

早上，在家蹲马桶的时候，要是能稍微利索那么一点，说不定就能早 12 秒拉下手杆呢。

健　次：没错。

昨天的晚饭点了个咖喱饭，

→ "要是没多点那份饺子的话"，

→ 我也就 "不会胃胀了"，

→ "就不用长时间蹲马桶了"，

→ "也就能够再早 12 秒钟拉下手杆了……"

就凭 "我个人" 的力量，这个世界是不会有任何改变的。因为，我连早 0.1 秒拉下手杆都做不到，而且，仅仅 "0.00000001 秒" 的不同，就是 "天堂" 和 "地狱" 的差距，这更是我无法控制的世界了。

光　郎：有道理！拉下手杆之前的所有行为，是 "wo" 无法控制的。

在吃咖喱饭的店里，如果店员能再早 1 分钟把饺子给我煎好，结果可能就发生变化了。

对我来说，结果是不可控的。我们也不能教给人家店里的人，怎么才能更快地煎好饺子啊。

健　次：是的。有没有运气，只能靠老天爷了？也就是说，我们把自己的 "运气" 都交给了老天爷？

你应该也能够意识到，"wo" 认为自己能够控制某些行为，这样的想法完全是你的异想天开。

这个世界上，根本就不存在什么所谓的"自力"。

光　郎：你这真是了不起的发现啊。经常来 PACHISURO，我们还真是赚了呢。

健　次：还有更神奇的呢。正因为"世界"是不可控的，所以我们才能够对世界上发生的事情抱有一颗感恩的心，而且是对世界上发生的所有的事情。

你可能会说："啊，太好了。多亏了店员给我晚上了 1 分钟的饺子。"

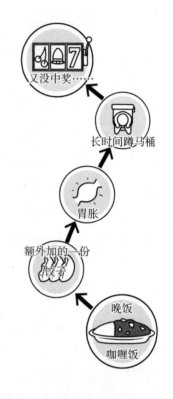

又没中奖……

长时间蹲马桶

胃胀

额外加的一份饺子

晚饭 咖喱饭

"啊，太好了。多亏了 12 年前，老妈在外面训了我一顿。"正因为是有之前发生的所有这些事情，今天我才能够在这里"中头彩"！！爱死你们了，地球上的每一位！！！

快看啊，又中大奖了！！

光　郎：我是明白了，"拉下手杆之前的所有的行为都会产生影响"，但是也有"不中奖"的时候啊。

那样的话，是不是要憎恨那之前发生的所有的事情呢？埋怨"要是那个店员再早 1 分钟把饺子给我端来就不是这个结果了"。

健　次：赌博最神奇的就是，越是"不中奖"，越要玩到"中奖"为止（笑）。就算是"不中奖"，也不会就此罢休。一直玩到"中奖"为止，所以才会有第二天再一次的"中头彩"。

这样一来的话，到中奖为止的所有行为都是必要的，这样包括之前的不中奖这个行为，也就是说，对这个行为也会抱有感恩之心。所以，即便是非常讨厌的事情，也会对其抱有感恩之心的。因为昨天的不中，孕育了今天的头彩！！

正是昨天的悲伤，换来了我们今天的笑容！！

再见了您啊！！！

光　郎：让我去哪儿啊！

健　次：闪人，你看，因为我又中了一次"大奖"。

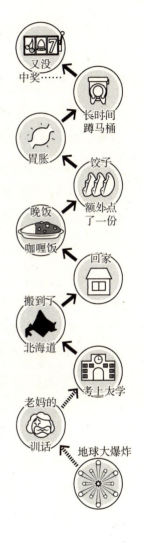

光郎很快又把游戏币输得精光，就先一个人回到了与健次一起来的车上，在车里等他。

下暴雪的札幌，到了夜里格外漂亮。

从"哪里"开始是道路，那条分界线已经完全看不清了，眼前一片美丽的雪景。看着眼前的雪景，想起自己曾经主张"从那到这都是我做的事情"，曾经认为"自力"和"外力"是有分界线的，想想那时候的自己还真是可爱。现在看来，那之前想的一切都是不可能发生的。

就连一片雪花，都不可能在我的可控范围内。

恶　魔：那家伙还真是个"恶人"啊。

光　郎：不许你说我哥们儿的坏话。

恶　魔：本座可是在表扬他。他没受那些所谓的"正论"影响。

他清楚地意识到了"wo"完全无法控制这个"世界"。

完全置身于宇宙的自然发展的大潮流中。

放弃了在生活中的挣扎。

他就是那个首先被拯救的"恶人"。

光　郎：那，你的意思是，神会去健次家里吗？

恶　魔：怎么可能。不会有"来拯救你的神"的。你只需要意识到，"从一开始你就已经被拯救了"。其实那就是从自力本愿向外力本愿的一个转变。

在完成转变的那个瞬间，就像健次那小子说的一样，

感动之情会传遍你的全身。那时你会意识到，我并不
是出生在宇宙中的一个微不足道的存在，我就是宇宙
本身。

那个瞬间，你会对这之前发生的所有事情抱有感恩之
心的。你会明白，多亏发生过那些事情，才有了现在的
我。之前发生的所有事情都是为今天做准备的，都是
必要的。晚 1 秒，不行；早 1 秒，也不行。所有的事
情，都是在计算好的完美的时间内发生的。所以，你
会对之前发生的所有事情产生信赖之情。你会意识到，
设计这一系列"流程"的宇宙之厉害，然后你会大彻
大悟。

光　郎：虽然听不太懂你在说些什么，但是只要"现在"感到
幸福就好了吧。刚才不还说要对之前发生的所有事情
抱有感恩之心嘛。

恶　魔：是的。只要清醒地认识到没有所谓的"自力"存在就
可以了。自认为是在靠"自力"生活的那些"善人"们，
他们是不会抱有任何感恩之心的。

自认为"我是在靠自己的力量活着"的人，怎么会对
别人抱有感恩之心呢？

正因为认识到并非靠自己的力量在活着，才会萌生感
恩之心。所以，随着你的意识从"自力"向"外力"
的转变，感恩的数量也就会越来越多。

随着你慢慢意识到，凭借自己的力量什么都无法改变
这个道理，你嘴里念叨"感谢"的次数也会越来越多。
最终，当你对"外力"的理解达到大彻大悟的境界时，
"自力"也将自然而然地消失殆尽。

此时，你对眼前所有的事情都将会是一个"绝对感谢
的境地"。也就是对任何事情，你都想说"感谢"的境
地。不但是对你喜欢的人，也包括你曾经讨厌的人，
当然也包括"恶人"。

此时，你需要做的事情只有一件，那就是对眼前的"世
界"万物表示感谢之意。因为那些宇宙的能力让你们
人类活到了现在。

光　郎：真没想到，竟然被恶魔说教要心存"感谢"之情。

恶　魔：啊——哈哈哈。

恶魔的喃喃私语

传统教导

凭借自力奋斗，开拓人生的幸运之路！

要是凭借自力就能成功，

那就不应该叫"好运"。

阁下的
让运气变坏的良方

··

　　说到最后，要是有能够让运气变好的方法的话，那就只有在心里念叨"感谢"了。

　　因为，"感谢"可以让人的意识从自力转向外力，是能够让人完全置身宇宙自然发展潮流中的咒语。

　　经常说"感谢"的人，完全不会使用所谓的"自力"。他们也不相信"自力"的存在。所以，他们才会常说"感谢"。

　　总之，说"感谢"的次数越多，越能够让人的意识向本愿能量转变。重点是，向"坏的事情"也要说"感谢"。

　　如果只是对好的事情说"感谢"的话，那你的意识不会有什么变化。对待自己"不想让它发生的事情"，也就是说，面对那些超越了自力（＝尝试让事情朝着好的方向发展的力量）的"坏事"，也要说"感谢"，那样的话才会发生奇迹。

　　坏的事情。坏的记忆。坏人。坏事。

　　从心底说出"感谢"的话，使用"自力"而无法计算的未来就会出现在眼前。

　　是啊，在哪里好呢……

　　你们人类的世界的话，厕所就挺好的。

在厕所里，想想你认为坏的事情、坏人（讨厌的人），不断地说"感谢"。

然后，冲水。

冲水后，你就会意识到，那些所谓的"恶"都仅是你的误解而已，你的意识会发生很大的转变。

waiting...

第 11 章

你是宇宙的"痒痒挠"

穿上人类西装的到底是谁

人类的"欲望",或许也是地球的重要的资源。因为欲望是人类希望得到全世界的原动力。

小蝇小利完全不需要。想得到的并非小蝇小利这样的"某一部分",而是全部,包括这个世界的财富的全部、物质的全部、体验的全部、他人心灵的全部等,宇宙中所有的事情无一例外。

我们将森林资源伐尽,将石油资源采尽,将土地资源用尽。

这些都是"欲望"的对象,也就是"世界"本身。是的,正因为是全部而不是部分,所以,我们才渴望得到"世界"的全部。

这些欲望的力量一般都会在"夜里"蠢蠢欲动。为了填补"wo"内心的寂寞,不断出入繁华的霓虹灯大街找寻着什么的年轻人。他们不断尝试捕捉夜晚,但是都失败了;他们不断尝试征服夜晚,同样以失败告终。这个耀眼的夜晚,看似可以捕捉到,却又无法捕捉的夜晚,年轻人们如撕心裂肺般喜欢着这样的夜晚。

这一天,年轻人们想着无论如何也要把这样的夜晚变成"自己"的东西,他们一直在大街上寻找答案,直到精疲力尽,于是他们坐下来开始了夜里的反思会。

光 郎：去薄野（译者注：日本北海道札幌市中央区著名的繁
　　　华区），每次都是去的时候兴致勃勃，回来的时候就吐
　　　槽"还不如不去"，整晚撩妹，一无所获。

　　　要不我们聊一聊毕业论文的事情，正好咱们3个人都在。

健 次：也是。根据咱们各自查到的资料，把目前已经明白的
　　　事情先逐条列出来吧。

"人类西装理论"

• 每天早晨醒来的时候，会有一个人进入我们的身体中。

• 只有在早晨那段短短的"假寐的时间里"，才会残存刚刚
发生的事情的一点记忆。

• 那段记忆力出现的不是"wo"，而是某个人，也有人将这
段记忆称作"梦"。

• 但是，这个梦是"wo"看到的，还是这个梦境里的某个人
正在看"wo"，没有人可以判断。

• 总之，就这样，"wo"的今天又开始了。

• 于是，在"wo"的面前，"世界"的故事就开始了。

• 这个"世界"是一个镜子的世界。它总是会与"wo"成正
相反的状态而出现。

• "想实现梦想"的人的面前，就会有一个"被想要实现的
那个梦想"。"想要一辆奔驰"的人的面前，就会有一辆"被
想要的奔驰"。

- 也就是说，所有人的梦想都已经在眼前得以实现。
- 这件"只要穿上就可以实现梦想"的人类西装被安放在世界的每一个角落。
- 人类西装的原理就是，任何人只要穿上它，就能够"体验"到那个场景下的人生。
- "WO"与"世界"与"体验"这三点总是会同时出现。
- 三者之间的关系是密不可分的，这种关系也被称为"三位一体"，从古代开始就被世界各地的神话故事以及典籍所记载。
- 顺便提一下，当这三点成为一体时，加代流就会边唱边跳"海尔！塞拉西"。

　　　　　基本上就这些吧？问题是，到底是谁进入了我的身体里了呢？总之要弄清，穿上人类西装的到底是谁。

光　郎：　是外星人吧？外星人穿上"人类"这一西装，就可以尽情享受"地球"这一假想的游戏世界了。

加代流：　要是外星人的话，那么穿上外星人这一西装的又是谁呢？如果真的存在外星人的话，那么他们也就应该会有对"自我"的认识。也就是说，也会有人穿上外星人那件西装吧。穿上外星人西装，再穿上人类西装就没有什么意义了吧。

光　郎：　这样啊……

　　　　　啊！是不是未来世界里的人！之前就有个奇怪的玩偶

对我说过"未来的你，穿着'你'这件西装"。

加代流：要是那样理解的话，也不应该是变成"过去的光郎"，而是变成"未来的光郎"吧。

光　郎：什么意思呢？

加代流：你是不是傻啊。"未来的光郎"这个人，决心坐上时光机回到过去，并进入过去的光郎的身体里。那打算坐上时光机的那个时候的那个人，是谁呢？

光　郎：肯定是"未来的光郎"啊。

加代流：那从时光机上走下来，到达未来的那个时候呢？

光　郎：那也是"未来的光郎"啊。

加代流：那么，将人类西装的拉链拉开的那个时候呢？

光　郎：你真是烦人啊，当然还是"未来的光郎"啊！将拉链再拉上的时候，也是"未来的光郎"，按下人类西装的启动按钮的，仍然是"未来的光郎"，而且，开始体验"过去的光郎"这一游戏的，还是"未来的光郎"？

不对啊，要这样的话，这不就是"未来的光郎"吗？

健　次：所以说呢，那是"绝对不可能"的。

加代流：如果进入人类西装里的是特定的"某一个人"的话，"世界"这一故事就算展开，最终一直还是那个"某一个特定的人"的故事。就比如是，光郎穿上了健次这件人类西装，其实也就是模仿健次样子的"光郎而已"。

光　郎：　也就是说，穿上人类西装的必须是"不是任何人的一
　　　　个存在"才行。不是宇宙人、不是未来人、不是地狱
　　　　的人、不是别人、不是来自平行世界的人、不是波吉
　　　　也不是小玉（译者注：日本东京电视台的一档宠物节
　　　　目《宠物当家》中的狗和猫的名字），不是神也不是
　　　　恶魔。

　　　　你们刚才不是说，不能是"某一个特定的人"吗？

　　　　那么，"不是任何人的一个存在"这个想法可能成立吗？

加代流：　我觉得不可能成立。你们想啊，能够确认的人或者
　　　　物，都是某一个"特定的存在"啊。

　　　　人、石块、宇宙人、温度、神、能量等，这些都是能
　　　　够确认的东西，所以我们才能够将他们分类成"某个
　　　　东西"。但是，进入人类西装里的还必须是我们"无
　　　　法确认的东西"。"我们无法确认的东西"到底是什
　　　　么呢？

光　郎：　是整体……

　　　　我们无法确认的东西，就是"整体"。

　　　　你们想啊，"能够确认到的东西"，或者"某一个特定
　　　　的东西"，这些都是被截取下来的"一部分"而已。
　　　　正因为是"一部分"，所以我们才能够确认。因为除
　　　　了那个"部分"，还有那个部分之外的其他东西存在。

但是呢，如果是"整体"或者"全部"的话，我们就无法去确认它了，也无法去特别制定它。因为作为一个"整体"，没有参照，它无法去确认自己本身！你们忘了吗，咱们在分形理论（Fractal Theory）的课上学过的啊。

整体

来确认它的存在的人也被同化了
因此没有人能够去确认它的存在

健次： 的确是，"无法确认的东西"也就是"整体"了。
那么，进入人类西装里的可以理解成就是"奇点"吗？
在宇宙大爆炸之前，宇宙中所有的物质能量都集中在的那一个点？

加代流： 就是它了！永田老师以前说过的啊！就是永田老师说的那个"自成一体"。奇点就是其中之一啊。

健次： 但是要那样说的话，那它在进入"加代流"身体里的时候，进入到"光郎"身体里的又是谁呢？

加代流： 还是它啊。

健次： 那就不对了吧？它不能同时既进入"光郎"体内，又进入"加代流"体内吧？

加代流：完全没问题。反而，如果不是同时的话，那才说不过
去呢。如果它不是同时进入"光郎""加代流""健次"
体内的话，那才不正常呢。因为它就是"整体"啊。
所谓整体，不就是包含了宇宙所有物质的一个存在吗！
如果有"还没有被包含进去的东西"的话，那它也就
不能被称为"整体"了。所以，如果它是整体的话，
此时此刻它就应该是包含了所有的"部分"。不但是
"光郎人类西装""加代流人类西装""健次人类西装"，
世界上所有的人类西装，此时此刻都是由它同时穿着
的，否则将无法做出合理的解释。

正因为它是整体，所以此时此刻，它才能同时穿上所
有的人类西装。

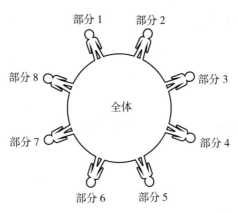

所有的"部分"都是"整体"的一部分

健 次： 有道理啊。这个厉害了。这样的话，同一时间里既有所有的"部分"，也有"整体"。

它，既能展现出"整体"，也能展现出"部分"。

感觉这个好酷啊！

不是 We，而是 I & I

光 郎： 等会儿……这样的话，加代流……

难道你，也是我？

加代流： 不仅是我，世界万物都是你。是"不同的我"的集合。

而且，在最中心的部分存在着一个共同的"整体"……

啊！！就是雷鬼音乐里提到的 I & I。

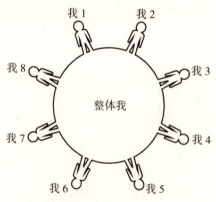

所有的"我"都是"整体我"的一部分

健 次： 什么啊，啊—咦—啊—咦的？大猩猩吗？

加代流： 在雷鬼音乐里，没有"We"和"You"这样的歌词，涉及这些歌词的地方都会唱成"I & I"。

"你"，也就是"不同的我"。

"我们"，就是"我和我和我……的集合体"，也就是"I & I"。

而且，我终于明白了"Selassie I"的内涵。

光 郎： 永田好像也说过些什么。

加代流： "三位一体"塞拉西，就是神的意思。

而且，他就是"I"我的集合体。

三大要素，都是"I"。

Haile Selassie I（海尔·塞拉西一世）！这里不是塞拉西一世，而是"Selassie I（我）"。

三位一体看似是分离的，但是仍然是"一个"完整的整体。神，现在仍然活着！

光 郎： 健次，有点不妙啊……这家伙，终于要疯了。

还胡说什么"神，现在还活着"……

加代流： 一边儿去，我可没疯。就凭这样一个思想实验，我们就到这个境界了啊！！我们已经摸索走到"这里"了啊。

我们，就是神啊！

健 次： 光郎，还是有问题啊……刚才说"神，还活着"，现在又说"我就是神"。毋庸置疑，这家伙绝对是疯了，这些就是铁证啊。还有，这家伙眼神也不对。跟在那场有名的演唱会上跳舞跳到疯狂的鲍勃·马利的眼神一样。

加代流： 对啊，就是他！鲍勃·马利！

你们还记得吧，在学校文化节上咱们一起演奏的那首 *Jah Live*（神，还活着）的曲子。那首曲子就是海尔·塞拉西一世去世的时候，鲍勃·马利专门为他所写的。

我还一直以为是鲍勃·马利不愿意接受皇帝去世的现实，所以才写了一首内容为"仍然活着"的曲子呢。但是，我现在明白了，那个想法是不正确的！那首歌并不是针对某一个特定的皇帝的生死而写的，鲍勃·马利想表达的是，对我们来说，就在"现在"，神是活着的。

"组成宇宙万物的物质"，也是"组成一个宇宙的物质"。既是"整体"，又代表"部分"。这也是鲍勃·马利总是唱的"ONE"的真正的意思。

光　郎： 我好像是有些明白了。

这个宇宙里，本来就只有奇点这一种物质存在。只不过是它，现在以不同的形式，出现在我们面前而已。但是，这些不同的形式并不是各自完全独立不同的。这些不同的形式以它们各自的状态形成一个集合体，这个集合体就被称为"整体"而存在于宇宙之中。也就是说……健次，你小子就是一个"不同的我"啊。

健　次：　不可能，我不会是你的。只有我，绝对不会是你。就这一点我绝对不承认，我可不想成为你这熊样。其他人，谁成为你都可以，我都没有意见。

若有"来世"，"横世"也可能存在

光　郎："过去的人生"这个说法都听说过吧？正因为是没有"过去的记忆"，这个说法才能够成立，意思就是"另外一个自己"，可以这样理解吧？

健次过去的人生就是一个乡巴佬，如果是带着过去的记忆重生的话，那就仅是乡巴佬人生的第二章。

健　次：不要随便给我过去的人生贴上"乡巴佬"

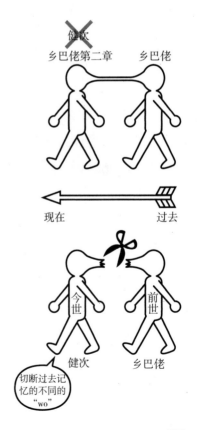

287

的标签。

至少叫我詹姆斯·斯帕罗三世之类的，听起来也像个伟人。

光 郎：乡巴佬二世，你听好了。与"过去的人生"一样，还有"来世"这个说法吧？也就是说，在未来我的魂魄进入**"另外一个我"**里的意思。如果，那时候健次你还是带着现在的记忆的话，那么来世的你也就仅是乡巴佬第三章的开始而已。

健 次：这样啊，在进入"另外一个我"里的时候，必须将现在的记忆完全抹去才可以啊。

光 郎：是的。就像这样，如果有"过去的人生"以及"来世"的话，那么，**"横世"**和**"他人世"**这种说法是不是也可以成立呢。

健 次：还真是啊！感觉比起前世和来世这种说法，横世和他人世的说法更有说服力啊！过去已经离我们远去，而"现在"不就是眼前的横向连接在一起的一个巨大空间吗？

就在现在，在空间的**"横向"**延伸上，没有记忆的**"不同的我"**诞生了。**"横世"**和**"他人世"**这个说法真是**太妙了**！

光 郎：这可是我的智慧成果，决不允许你随便窃取的。

跟你们说，这可是坐标啊！

"I＝我"，就是 ONE 的坐标！

北纬 43 度、东经 141 度、高度 20 米处出现的 ONE 的
名字就是"光郎"，也就是我。我们将参数稍微改动，
调整成你现在所在的位置的话，"健次"这个我就会
产生。北纬 43 度、东经 141 度、高度 21 米处出现的
ONE 的名字就是"健次"，这就是"他人世"。

而且，参数里面还包含了"时间"这个项目。于是，
昨天的"我"和今天的"我"虽然数值不同，但是都
是同一个 ONE。

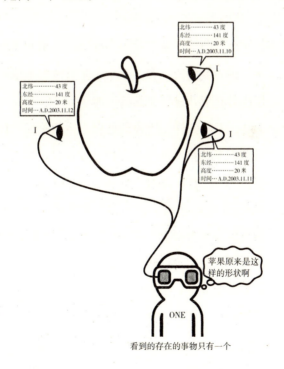

看到的存在的事物只有一个

"昨天的我"的数值是 A.D.2003.11.10 的北纬 43 度、
东经 141 度、高度 20 米。

"今天的我"的数值是 A.D.2003.11.11 的北纬 43 度……
**通过调整"纵向""横向""高度""时间"这 4 个维度
的数值,就能够对宇宙中任何场所的不同的"我"做
出解释。这就是放置于世界上的"人类西装"。**

你还没有体验过的,就只有"你自己"了

加代流: 照这么说的话,就不只限于人类了,狗和猫也是这样
吧。最近我还听人说,石头也是有意志思想的呢。

光 郎: 你还有心情开这种无聊的玩笑啊。

加代流: 总之,不管怎样,宇宙的任何一个角落里,任何一个
时间点上,都存在着生命西装。而且,穿上它的便是
被称为"整体"的神。

《圣经》里都写着"在宇宙开始之前,神已经将世间
所有的事情都经历了一遍"。也就是说从过去到未来,
所有的"我"都已经发生过一遍了。

健 次: 未来也发生过一遍了?

光 郎: 就在现在,所有"瞬间"的胶片都是存在着的。现在
你所能看到的、宇宙中的所有的"瞬间"都是存在着

的。不仅是现在，从过去到未来的所有的"瞬间"胶片都是同时存在着的。

你们想啊，所谓的"整体"，如果不是"现在"同时看到所有的部分的话，那也称不上是整体啊。

神，现在、同时在体验着"昨天的我""后天的健次"，以及"10 年后的加代流"。也就是说，神现在没有体验的，就只有"光郎"了。

加代流：这样啊。

健 次：加代流，这么无聊的玩笑你都不反驳一下？这家伙不就在说"我可是非常优秀、独一无二的存在啊"？

加代流：应该说是，我、"加代流"，现在看到的"世界"，是无法用语言来形容的、独一无二的存在。

健 次：你们俩没事吧。到底你们谁才是最优秀的啊？

加代流：神，现在同时体验着一切。所以，**眼前"世界"之外的一切，不同的我"现在"正在体验着。**那也就是说，神尚未体验的"瞬间"，就只有眼前的风景了。

就只有这一样，就是这眼前的风景。只有眼前的这些风景，是神没有看到的。

健 次：你不是刚才还说，神已经经历过了宇宙中所有的"瞬间"了吗？如果是那样的话，眼前的这个风景不也已经体验过了吗？

加代流：不是已经，而是"现在"正要体验。"现在"就是，神开始体验眼前这个"世界"的瞬间。

神，"现在"，同时体验着所有人眼前的"世界"。

除此之外的世界，"不同的我"都已经体验过了。**所有宇宙中神最想去的地方，就是所有人眼前的那个世界！！**

健 次： "宇宙万物同时存在"的这个说法虽然很抽象，但是似乎我还是明白了一些。也就是说，**我已经体验过了除了我之外的所有的事情！**

"来世"和"前世"，"光郎""迈克尔·杰克逊""迈克尔·杰克逊的 1980 年""珍妮·杰克逊的 4 年后""火星人的后天"。所有的事情，不仅是现在的宇宙，还包括过去的宇宙、未来的宇宙、平行宇宙。

我，体验过了所有的"wo"。我，唯一没有体验过的，就只有眼前的这个"瞬间"而已……

嘿嘿嘿，眼前的这个"世界"岂不是相当的珍贵啊！

只有这一个是尚未体验过的啊！不过，现在正在体验着。不对，神，并没有体验到。不对，神就是我啊。怎么有点乱了，不管怎样，觉得自己很厉害呢！！

光 郎： 全宇宙中，只有"wo"才能够看到眼前的这个风景。

为了能够看到"这些"，神化作一个传感器，那就是"wo"啊……

哎呀，我都起鸡皮疙瘩了……

可以深深体会到自己的存在是多么的珍贵啊。而且，全世界所有人的眼前都发生着同样的事情。所有人眼前的风景都是弥足珍贵的。并不是特定的"谁"，世界上所有的"wo"，都是不可替代的珍贵的存在。

加代流：世间万物，都是宇宙的三点分离。为了能够体验眼前这唯一一个尚未体验的"瞬间"，全世界，就在此时出现了"wo"和"世界"和"体验"这3点分离的状态。哎呀，我们今天就别睡觉了，就这样直接去找永田老师汇报成果吧。

　　这么高的热情，不知道是一觉没睡的缘故，还是因为发现了出人意料的真理。

　　"我关一下电脑就过去，你们俩先走吧！"说这话的、叫"光郎"的、"wo"之外的那两个人的"wo"，向学校走去。

要获取，请先给予

光　郎：阁下，你竟然骗我！我知道你在，快出来吧！

恶　魔：根本没骗你。那天的你进入了"未来的你"的身体里了。

光　郎：　能进入人类西装里的，就只有"不是任何人的一个
　　　　　存在"！

恶　魔：不是任何人的一个存在，其实就是指所有的人啊。可
　　　　以是本座，也可以是他人，也可以是"未来的自己"。
　　　　因为"所有的人"进入了你的身体里，所以可以说未
　　　　来的你也进入了你的身体里，对吧？

光　郎：你那就是骗子。要那样的话，你怎么不长点眼力见儿，
　　　　跟我说"今天早晨，奥黛丽·赫本进入了你的身体里，
　　　　你就高兴吧"这样的话，早晨起来该多舒心啊。

恶　魔：你小子，莫非……
　　　　对人妖感兴趣？

光　郎：没有、没有、没有！我可是"男人中的男人"！就是
　　　　说，那个什么，就是想说"想变得好看"点而已。奥
　　　　黛丽·赫本不就是美的象征嘛。

恶　魔："美"啊。那也是一
　　　　种能力。
　　　　听好了，人妖同学。
　　　　我再告诉你一个你们
　　　　人类的秘密。
　　　　你们人类就是宇宙的
　　　　"痒痒挠"。
　　　　宇宙，为了能够给

痒痒＝漂亮
（挠挠）

漂亮的人类

人类是为宇宙挠痒
痒的"痒痒挠"

自己的后背挠痒痒而制作的物质化的一个工具，就是
"人类"。

光　郎：人类是为了给宇宙挠后背的一个工具——"痒痒挠"？
　　　　又是一个让人大跌眼镜的言论。

恶　魔：如果这个世界上就只有你一个人的话，你会怎样使用
　　　　你的"能力"呢？

光　郎：没法使用吧。能力的使用，不但要有"使用者"，还需
　　　　要"被使用到什么地方"一方的存在才行吧。

　　　　人，如果就只是一个人的话，无法变得和善。

恶　魔：是的。"和善"这一能力，要有"和善的人"和"被以
　　　　和善的态度对待的人"两者存在才能够行使。所有的
　　　　"能力"，都是如此。歌唱能力、腕力、灵巧的双手等
　　　　都是如此。

　　　　只是一个人的话，这些能力都是无法行使的。也就是
　　　　说，人类的"能力"，都是为了他人而存在的。为了能
　　　　够向从宇宙中分离出来的"不同的我"行使，宇宙所
　　　　赋予"这个我"的能量，就是"能力"。

光　郎：原来如此。因为只有"一个"的话，什么都做不了，
　　　　所以才会分离。"我"出现的缘由，竟然是"痒痒挠"啊。

恶　魔：是的，"我"就仅是宇宙的痒痒挠。只有明确理解了
　　　　[宇宙起始的原理] 的人，才能够发现这一点。所谓的
　　　　"我"，就是为了"另外某个他人"才产生的一个存在体。

也就是说，你要领悟到"我所拥有的比他人更为厉害的'能力'，是要为世界好好使用才行"这个道理。而且，领悟到这个道理的人会发挥出出人意料的能量的。莫扎特是那样的，夏目漱石也是那样的，发明大王爱迪生也是那样的。**他们都说过，"wo"，是为了"某个人"而存在的一个工具。**

光 郎：但是，如果"能力"是为了"他人（不同的 I）"而存在的话，那么"这个我＝I"怎么生存呢？

恶 魔：之前跟你说过，通过镜子，所有的事情都将变成完全相反的属性。如果"你"为"世界"做了些什么的话，那么，"世界"也会开始为"你"做一些事情。

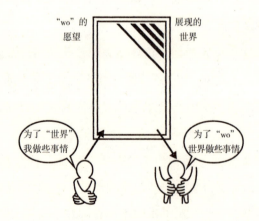

你首先要学会给予。这样的话，你会收获更多。**给予者，也就是受益的人。**

光　郎：有道理。那我是不是可以这么想，既然镜子具有反射
　　　　的功能，如果不是"世界"的一部分，而是将眼前"世
　　　　界"的一切都投射到镜子里的话，那么是不是会反射
　　　　出巨大无穷的能量呢？

恶　魔：没错。那就是，这个世界上最为强大的能量，也就是
　　　　"世界和平的愿望"。

　　　　并不是为了"美国"或者"俄罗斯"，"家人"或者"敌
　　　　人"等，某一个特定的"部分"而祈祷。

　　　　善与恶，

　　　　喜欢与厌恶，

　　　　好与坏，

　　　　对世间万物都充满了爱。这个"对整体充满爱"的愿望，
　　　　能够产生世界上最为强大的能量。

　　　　要以 100% 的热情拥抱眼前的"世界"。不但是"有好
　　　　事发生的日子"，就算是"有坏事发生的日子"也要如
　　　　此。不但是对待"喜欢的人"如此，即便是对待"厌
　　　　恶的人"也要如此。

　　　　要有一个 100% 热爱眼前现实的姿态。也就是说，你
　　　　一定要清楚地认识到，任何地方没有什么比"现在"、
　　　　眼前的这一切更美好的事物了，这才是真正的祈愿。

　　　　能够驱使"世界和平"这一愿望的人，就能够拥有整
　　　　个世界。特蕾莎修女做到了，耶稣、释迦牟尼也做到

了。他们为整个世界的和平而祈祷。所以，全世界都在向他们祈祷。

光　郎：我的天啊。邓丽君（译者注：特蕾莎修女的日语读音为"maza teresa"，邓丽君的日语读音为"teresa ten"，二者均含"teresa"这一读音）竟然意识到了那么强大的能量。

恶　魔：是特蕾莎修女！！

光　郎：今天真是长见识了，恶魔竟然会向我宣扬"祈祷世界和平"。不过，道理我是明白了！给予者，也就是受益的人。从今天开始，尽可能地将"我"的能力，用于"世界"。因为我仅是宇宙的"痒痒挠"而已。实际上，从宇宙这个老爷爷算起的话，作为孙子辈的我，就是三位一体中的老"三"了。

感谢了大神！

恶　魔：不是神，是恶魔。

为什么会产生既视感和预知梦

等光郎赶到研究室的时候，健次和加代流的汇报已经结束了。光郎敲打着外套，拍掉上面的积雪，赶忙询问结果。

光　郎：　情况如何？咱们仁能毕业吧？

健 次： 永田老师一反常态，表扬我们了。但是我们说的那
些必须都用电脑打成文字才行。老师说了，毕业
论文，用嘴说可不行啊。有没有擅长做这个工作的
人呢？

光 郎： 真拿你们没办法。我来做吧。打字，我在行。

健 次： 今天怎么竟发生些出人意料的事情呢。被永田老师
表扬，光郎竟然主动说"我来做"。
是不是要飘大雪了啊？

永田老师： 在北海道，下雪再正常不过了。而宇宙呢，就是一
个总是追求"不寻常的事情"而向前进化的有机体。
其实，就在四年前，美国的基本粒子物理学家丽
莎·蓝道尔就已经发表了你们刚才提到的理论。
理论被命名为"弯曲的额外维度（warped extra
dimensions）"。

光 郎： 您这怎么还突然讲起 SF 了啊？

永田老师： 一些比 SF 还离谱的理论，在现在最前沿的物理学
家当中，都已经成为"理所当然"的事情了。
根据膜宇宙学理论，我们的"三维宇宙"，实际上
是众多镶嵌在更高维度宇宙中的三维宇宙之一。

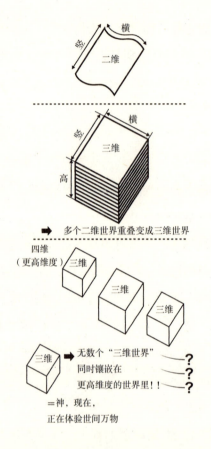

光　郎：　什么意思呢？没明白啊。

永田老师：　简单地说，就是电影《黑客帝国》。

　　　　　　无数的平行宇宙"世界"，镶嵌在一张巨大的膜上。

　　　　　　注意，它的数量是无限的。包含所有可能性的"世界"，已经被尽数生成，存在于宇宙中。

光　郎：　这不就是我们的"人类西装理论"嘛！被抄袭了！

加代流：　什么抄袭啊。人家可是比我们早一年呢。

永田老师：这个呢，也不是没有可能。

　　　　　从未来世界抄袭，也是有可能的。

光　郎：　此话怎讲？

永田老师："膜宇宙学"里提到的，只有一个宇宙，也就是你
　　　　　们所说的"世界"。有一个"粒子"，被允许从那
　　　　　个"世界"跳向另外一个"世界"，那就是重力子
　　　　　（graviton），就是成为重力介质的基本粒子。

　　　　　只有那个"重的基本粒子"，才能够从三维的宇宙
　　　　　膜中跳出。

光　郎：　是说，可以和其他的平行宇宙之间自由来去的"重
　　　　　的基本粒子"吗……

永田老师：在这个宇宙中，不受重力影响的就只有一样东西，
　　　　　那就是"思想"。你们有谁见过掉在地上的"思想"
　　　　　吗？就像从树上掉下来的苹果那样。

健　次：　怎么可能看到。路上要是真有"思想"掉下来的话，
　　　　　那场景也太恐怖了吧。

永田老师："思想"（译者注：日语为"思い"，读音"omoi"）
　　　　　和"重量"（译者注：日语为"重い"，读音"omoi"）
　　　　　的词源相同，我想这并不是偶然的。

　　　　　我们有时候会觉得，别人的"思想"非常沉重吧？

光　郎：　加代流和玲子分手之前，他还经常说"玲子的想法

让他觉得很沉重"。虽然现在都分手了，但是加代流对玲子的思念还是满满的。

永田老师：说一些我个人的想法，我觉得呢，**"思想"和"重量"是使用不同的说法，在表述同一种能量。"思想"就是重力本身**。也就是说，人类是可以产生重力的。只要你想着什么事情，另外一个"世界"与这个"世界"之间，就会产生"相互吸引的力量"或者"相互排斥的力量"，两者之间开始产生相互作用。于是，就像"想象""创造"一样，会产生一个力学行为。想象一下，与另外一个"世界"产生某种力量的相互作用时，相互吸引靠近。另外一个"世界"的信息，作为基本粒子传播到这个"世界"里。

这就是重力子。

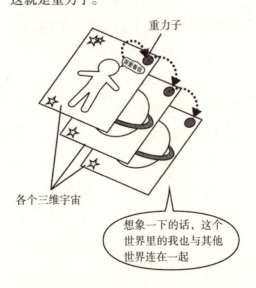

重力子

各个三维宇宙

想象一下的话，这个世界里的我也与其他世界连在一起

光 郎： 这样的话，也就是说现在，我们也可以与"未来的
世界"进行交涉啊！因为，所有的"瞬间"，就在
现在，被横放在这个宇宙中。

不是有能够在这个"世界"和另外一个"世界"之
间来去自由的基本粒子吗？

这样的话，不就可以与另外一个"世界"之间进行
信息的交流了吗！

这个重力子感觉很酷啊。

向另外一个"世界"传递思想的基本粒子……

我是不是考虑为它谱首曲子呢。

永田老师： 从别的膜宇宙中可以获得新的睿智和想法。但是那
些新的睿智和想法基本都是在梦中看到的。

加代流： 就是梦幻！预知梦！我在早晨那段昏昏欲睡的时间
里，也就是当天的这个"wo"开始之前，就经常会
做梦，梦里自己是另外的一个谁。

永田老师： 那两个世界之间，实际上已经产生了力量的相互干
涉，梦境就是两者之间的作用效果的一个反映。

说不定加代流同学反复做的梦的那个世界里，也有
一个人在反复梦见加代流同学呢。也或者是，加代
流同学很想念那个世界里的某一个人呢。

光 郎： 加代流，你还在想着玲子啊。你赶紧死心吧。

老师，那既视感也是刚才您说的那样吗？由重力子

导致的，与另外一个"世界"相互作用的结果？

永田老师：具体情况就不太清楚了，但很有可能就是相互作用的结果。

与另外一个"世界"之间，正因为存在能量上的相互干涉，因此就会产生"浮现出什么"这样的反应。

健　次：　"浮现"出某种想法这个表达，或许会给我们一些启示。所谓"浮现"，就是说不受重力影响。

已经"体验"过了所有事情的宇宙中，保存有所有的被"体验"过了的事情的信息。此时，我们通过重力子访问那个世界，只要让信息"漂浮"，另外一个世界的所有的"可能性"，我们都可以获取相关信息。从信息存储库中"浮现"出的想法乘坐重力子，就来到我们面前了。

光　郎：　你那说法也太玄乎了吧。

永田老师：我们必须在适当的地方，画一条线才行。以放弃为分界线，在这条线前面的就称为"科学"，在这条线以后的就称为"虚幻"的这种逃避的态度，不应该是一个优秀的科学家所具有的。

实际上，在日本就有一位我们引以为傲的物理学家——南部阳一郎先生。据说，他在寝室里一直都放有一个记事本，**就是因为在睡梦中会浮现出新的"想法"**。南部先生醒来后，会立刻将浮现的想法写到记事本上。

另外，爱迪生也说过：**"所谓'wo'，就是自然界接受信息的一个机器。所有的东西并不是我发明的，而是从庞大的宇宙中接受信息，并将那些信息记录下来而已。"**

爱迪生还相信灵魂交感，他并没有在"虚幻"与"科学"之间画上一条分界线。他在晚年的时候倾尽毕生精力，致力于发明"能够与另外一个世界进行交流的通信装置 Spirit phone"。

健 次： 他的做法跟光郎一样啊。前几天在卡拉 OK 店里喝得烂醉的时候，光郎这家伙还嚷着"我能够呼唤恶魔"呢。虽然他最后说"抱歉，失败了"，引得我们一阵大笑，但是那时候的光郎可是相当认真的啊。

总之，这个世界上还有很多人类无法理解的"未知能量"。大家想想，当我们通过研究"解开"谜团的时候，会不会很刺激啊？

对"知识"的渴望能够照亮你们的人生。人类，就是一种求知的生物。在疑问中学习，在学习中产生新的疑问。今后，你们也要做一个不断追求"学问"的人。

RESPECT！

3 个人已经超过 36 小时没有合眼了。

光郎有气无力地说："我走着路都能睡过去。"在通往自己家的路上，光郎已经没了记忆。此时，健次突然说："那不是玲子吗？"

几天来的降雪打造出的这个"大学的壁垒"，让他们无法返回，也无法转到别的路上，3 分钟后已经完全看不到玲子的身影了。命运的安排让他们 4 人完美地错过了邂逅。

3 个人的睡意，一下子都随着雪花飘到天空中去了。

恶魔的喃喃私语

传统教导

自己的才能要被自己的未来充分利用。

为谁挠一下痒痒。

你，就仅是为此

而生的。

阁下的
发挥自己长处的方法

作为一个整体完全无法作为，为了体验而分离，这就是宇宙。

"与人和善"的能力，只有一个人的话是无法使用的。

使用能力的是"wo"，为谁使用，那个对象就是"某一个人"。也就是说，"wo"所拥有的能力，都是为了他人才产生的。

你，就是宇宙的"痒痒挠"。

就是给他人，也就是"另外的一个我"

挠痒痒的一个工具。

明白了人类自己产生的原理，你就会将自己所拥有的能力为了他人去使用。

于是，你的各项能力又会变强。

你要将自己擅长的领域、擅长的能力，毫无保留地为他人使用。

什么都不明白的、那些所谓"善"的一派势力，他们告诫自己"要为自己而努力"，这是完全不正确的。

能力，越是为他人使用，就越会变得更强。

第 12 章

你没有做错任何事情

所有人都在做"坏事"

大自然总是非常美好的。

也有可能是，对想要追求的梦想释怀了的缘故吧。

树，就仅仅朝着风吹过的方向，在摇摆着；

雪花，只是不停地从天而降，不会在意会飘到哪里。

世间万物的行动追随着巨大的"整体这一潮流"，形成了一种有条不紊的美感。

顺应潮流、从天而降的这些美丽的结晶上面，忤逆潮流"拼命挣扎"的丑陋的人类却一直在相互抗争着。

玲 子：我就问你，为什么要脚踏两只船？

我那么信任你，你却背叛我。还有你，健次！

就是你拉我们家加代流去参加联谊会的，都是你不好！！

你要怎么赔偿我！！

健 次：怎么找我这儿来了呢？不是那么回事，就是……那个什么？

健次嘴里一边嘟囔着，一边用胳膊碰了旁边的"不同的我"几下。

那是他给我的信号，让我帮帮他，这一点就算不借用重力子，我也能马上领会到。

光 郎：玲子，你听我说。首先，加代流没有做错任何事情。而且他还是个牺牲者。因为是健次拉他去的联谊会。但是，把责任都推到健次身上，也为时尚早。罪魁祸首还是真人。因为本来是真人要参加联谊会的，他却突然说"临时要去打工"。所以，真人才是罪魁祸首。要是再追究下去，是真人打工的地方的同事樱庭不好，因为他肚子疼没来上班，真人才去顶替他的。所以，樱庭应该是真正的罪魁祸首。

玲 子：你想狡辩什么？

光 郎：我的意思是，加代流和健次都没做错什么。

都怪樱庭没来打工，真人才没能去成联谊会，为此焦虑的健次才想"管不了那么多了"，就拉来了有女朋友的加代流！所以，樱庭才是罪魁祸首！这一切都是因为他肚子疼才引起的。

身为日本人，竟然不随身携带胃药，都是樱庭的错。

是吧，玲子？

玲 子：哈？？

光 郎：总之，加代流没错，他就是一个牺牲者。被莫名扣上罪名的健次也是牺牲者。

在这个大雪纷飞的日子里，在这里费尽口舌解释的我也是个牺牲者。然而，犯人就是你。

玲　子：够了，别狡辩了！加代流来房间好好给我解释一下！你们几个赶紧从我眼前消失！！

　　从这对情侣朋友的争吵中解放出来，光郎通常应该是会变得很轻松、高兴，但是今天不知为何，高兴不起来。

　　今天被健次拉着胳膊救急，看着"不同的我"的健次的身影在风雪中消失，光郎突然感觉有些心痛。

　　光郎心里想，一定是没睡好觉。但是回到家，还有一个让他更无法好好睡觉的存在，在等着他。

恶　魔：说了半天，都是樱庭的错？

光　郎：当然是他的错啊。那天要不是他肚子疼，加代流也不会出轨啊。

恶　魔：你们人类，总是要将罪责扣到"某个人"头上。这是为什么呢？

光　郎：是想主张"自己并没有做错"吧？
　　　　向神表明自己没错，将来好去天堂报到吧。

恶　魔：要是那样的话，我这里有个好消息。你们人类，所有人都在做坏事，所以完全没有必要去强调自己的善行。大家都一样，没有任何区别。

因为，"活着"就意味着，一定要给谁添麻烦。

就比如，有两个冲浪运动员。

其中一人从早到晚一直在海里没有上岸，看着这一切的另外一个人就嘀咕着"这一天你都能忍着不上厕所啊"。后来，那位一直不上岸的运动员告诉了他真相。

听到真相后，他震怒了，大声说："太不卫生了！你竟然在大海里方便，我们不都受到污染了啊！你必须老老实实地去厕所才行！我每次都是到海边的厕所去方便的！请你自觉遵守规则。"

但实际上"那个厕所的脏物通过下水管道都被排到了大海里"。

你们人类，都主张"自己没做什么坏事"，然而，事实并非如此。你们只是没有认识到"实际上自己在做坏事"。不管是什么善行，都包含有等量的恶行在里面。

所有的事情都是有两面性的。也就是说，**不管是什么行为，都包含有等量的"善"与"恶"在里面。**但是，只显摆眼前能够看到的"善行"的"善人"，却充斥着这个城市。

为了修正这种能量扭曲的现实，本座从地狱来到了人间。

可怕的俄罗斯轮盘赌

光　郎：我还是觉得，樱庭要是随身带着胃药的话，加代流就
　　　　不会出轨了。

恶　魔：要这么说的话，是不是罪魁祸首应该是制药公司江别
　　　　地区的销售负责人啊？要是他努力销售，把药卖给樱
　　　　庭的话，不就能够防止加代流出轨了吗。

光　郎：要这样的话，那哪里才是个头啊？

恶　魔：这正是本座想说的。**这一连串的事情，不管你追溯到
　　　　哪里，都找不出什么"原因"来**！

　　　　你们人类总会把"首先造成影响的因子"归为事情发
　　　　生的"原因"，但事实上，你们所谓的那种原因，这个
　　　　世界上根本就不存在。**因为这个世界上所有的事情都
　　　　是"结果论"**。当事
　　　　情发生的时候，它
　　　　就已经是一种"结
　　　　果"了。

　　　　在这样的世界中，
　　　　任凭你怎么去找寻，
　　　　都不会找到所谓的
　　　　"首先造成影响"的
　　　　那个"原因"的。

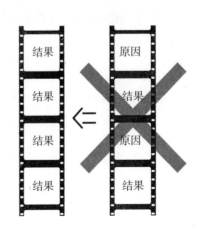

光 郎： 那么，你的意思是谁都没错？

恶 魔： 谁都"没错"，谁都"没对"。

任何一个人，他既在做好事，又在做坏事。

从根本上讲，你们所谓的好坏的"判断标准"本身就是虚幻的。所以，确定谁是犯人也是虚幻的。

光 郎： 确定谁是犯人？

恶 魔： **你们所谓的犯人，其实就是一个妥协的节点而已，没错吧？**

在一连串的事情上，不管你追溯到哪里，明明找不到所谓的"最初造成影响的原因"，但是你们却执意要找出一个"原因"来。**因为你们在寻找一个并不存在的东西，所以一系列的工作只能是妥协的连续。**

在一个自己认为适当的地方，心里想"就这里了"，此时妥协的这个节点就被你们定义为事情发生的"原因"。而且，离你最近的一个妥协的节点，就是眼前的他人的"意志"。

你们最想把原因"归咎"到他人的意志上。出轨的原因是"男朋友的意志"的问题。但是，这个想法完全不正确。因为让他养成"薄弱意志"的，并不是他本人。难道你要诅咒男朋友的母亲，或者是他的老师吗？

光 郎： 不会啊。这要是前女友突然出现在小学时的班主任面前，气急败坏地说道："**加代流出轨都是你的错。当初**

你怎么不好好教他道德思想啊……"

跟恐怖电影有一比了，这也太可怕了吧。

恶 魔：接下来呢，你们又会说是"我自己"不好，把矛头转

向自己开始寻找"原因"。

"是我的魅力不够"

"我再对他好点就好了"

"那天我要是阻止他不让他去就好了"

"当初要是没答应他就好了"

……

这些针对自己的原因，都是虚幻的。比如，"我的魅力

不够"这条，你要明白，**你的"魅力"是你所经历过**

的所有的环境所造就的，并不是你个人的力量制造的。

难道你还想去责怪小学 6 年级的那个暑假，教给你怎

么涂口红的阿姨？

光 郎："阿姨，**因为你教得不够好的缘故，我被男朋友甩了。**

都怪你没教好我怎么涂口红……"

要出来这么个女人的话，那不就是刚才的恐怖电影的

续集吗？《玲子 2》。

恶 魔：既然原因既不在"对方"身上，也不在"自己"身上，

于是你们就把目光转向了第三者，开始找寻新的"原因"。

首先，"拉他去参加联谊会"的朋友，就成了坏人。

说什么"健次要是不拉他去参加联谊会的话"，事情就

不会到现在这个地步。但是，正如你跟玲子说的那样，那就是嫁祸。

这种确定犯人的工作，就仅是在寻找"妥协的节点"，会一直持续下去。健次的下面有真人，真人的下面还有樱庭，樱庭的下面还有制药公司的销售人员……

"那就是××的过错"，就这样追究下去的话，将会永远地持续下去。

在这条漫无边际的原因找寻的路上，所谓的"最初的因子"根本就不存在。

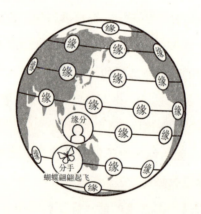

绕地球几周一直寻找？还是说要追溯到宇宙的起源？怎么办？是不是要把跟这件事有关的所有嫌疑人都抓起来？有关联的人，光地球可就有 70 亿啊。

光 郎：怎么可能将地球 70 亿人都抓起来呢。去抓人的也是地球上的人啊。

恶　魔：所以说，还是刚才说的那句话，**这个"世界"上，任何人都没做坏事，然而又都做了坏事。**

光　郎：但是，我还是觉得哪里应该有一个特定的"原因"，心里边觉得"堵得慌"，还是想把原因归咎到"某一个特定的事物"上。

恶　魔：**其实，你们只是在寻找一个能够释放能量的场所。**

受那些所谓"正论"的影响，你们心里充满了各种欲望。

只要能够把原因归咎到谁头上，就可以向他释放能量。

这就是个可怕的俄罗斯轮盘赌。

停止的地方哪里都可以。"对方""自己""他人"都可以。

总之，只要是停在了"哪个地方"，你们就会集中炮火向哪里释放能量。

转盘停止的那个点就是"妥协的节点"，这个节点是他人的话，你们就会将对方批得体无完肤。是自己的话，有时甚至会赌上自己的性命，一直以一种罪恶感来责怪自己。

但是，这一切都是虚幻的"犯人"。

光　郎：为了释放能量的俄罗斯轮盘赌……

"正论"创造了一个不正常的社会

恶 魔：你们人类，原本只是追求"微小的欲望"。为了维持自己这一生命体的生存，他们只追求必要的、最少的一点欲望。

"吃饭""喝水""睡觉""走路""心情舒畅"等等。

但是，自从"善"的一派的势力推崇所谓的"正论"后，这些简单的欲望就开始被限制了。

"现在，不能吃东西""那个，不能喝""那里，绝对不能去""作业写完之前，不能睡觉"……

这些欲望被限制后，能量就会产生扭曲，于是就出现了"精神压力"。不过，人体的DNA是相当优秀的。

他们会牢牢记住将那些"精神压力"排出体外的方法。

例如，人在"心烦意乱"的时候，就会"想挥手跺脚"，产生新的欲望。**这就是因为DNA牢牢记住了释放能量的动作和身体部位。**

婴儿总会吧嗒吧嗒地拍地板。那是因为他们知道，只要吧嗒吧嗒地拍手跺脚，就能够释放身体里的"心烦意乱"。

随着成长，开始被强迫进行讨厌的学习，孩子们就弯腰驼背，胳膊支在桌子上，开始散漫。这些姿势都是有目的的。**他们可以让"忍耐的能量"能够从身体里**

释放出去。但是，这些释放能量的姿势，也要被矫正
成所谓"正确"的姿势。那就是"把腰杆挺直了"。
被强制性挺直腰杆的那个"姿势"，是为了从宇宙中吸
收能量，于是就与需要释放的体内的能量产生冲突。
就这样，因为这些不懂能量原理的"正确"姿势的存在，
社会上就开始出现"犯罪"现象了。

光　郎：原来如此啊。那些小的欲望如果一直被那些"正论"
　　　　抑制着的话，就会产生犯罪啊。那么，那些"穷凶极
　　　　恶的罪犯"也是这么产生的吗?

恶　魔：**"穷凶极恶"这个概念本身就是虚幻的。**那种罪犯根本
　　　　就不存在。
　　　　婴儿"啊"的一声把积木推倒，这很正常。但是，如
　　　　果不是积木而是手枪的话，就成了"穷凶极恶"。小
　　　　学生可以同时爱很多人，但换作大人的话，就成了"婚
　　　　外恋"。

发明"手枪"的、制定"婚姻法"的，都不是你们自己。但是你们却要以罪恶感不断责怪自己。你们会认为"就我自己"会想这些奇怪的事情，给自己灌输罪恶感。

实际上，任何一个人心里的那些"小的欲望"，都有可能扣动扳机，是社会创造了"穷凶极恶的罪犯"这一虚幻的存在。

光　郎：那么，罪魁祸首就是社会了？

恶　魔：都说过几遍了，你还不明白啊。本来就没有什么"罪魁祸首"。就像你这样，总是想将原因归咎到某一个或某一件特定的"人或事"上，正是这种姿态造就了这个畸形的社会。

你们总是在自己之外的外部世界寻找一个"判断标准"，这种姿态就比如，"谁，赶紧帮我定下来""我会服从那个'正确的做法'的"。

自己之外的那个外部世界本身就是虚幻的，你们却非要分出"黑"与"白"，找出一个正确的答案。这种人是最好骗的。就比如，神告诉你"不准使用右鼻孔进行呼吸"。当然，把这个作为神的信条，由宗教家传达给你们。毫无疑问，你们会马上开始一起努力"只使用左鼻孔进行呼吸吧"。

光　郎：那，应该马上就会被质疑吧。这种规则太离谱了啊。

恶　魔：不会的，不会有人质疑的。

　　　　你们人类，对偷东西、婚外恋、持枪乱射、随地扔垃圾等这些"社会"强加给你们的规则，不是完全没有质疑吗？

　　　　你们完全不会质疑货币制度、婚姻制度、制造手枪的公司、石油公司，不会质疑那些"正论"，只是在责备自己，不是吗？

——货币制度

一张纸就可以买到土地，这是什么制度？"拥有"本身就是虚幻的，但是为了能够主张那个苹果"是属于我的"，你们却毫无质疑地去相信发行的纸张。

——婚姻制度

在教堂里有人告诉你"没有比爱更美好的事情了"，但是却又警告你"不能将你的爱散向多个人"。"美好的东西""却只能散向一个人"，这个规则，比有两个鼻孔却只允许使用一个呼吸的规则更可笑。

——持枪乱射

"仅因为心烦意乱就开枪乱射，有这样极端想法的人，所以为了安全起见，你也买一把手枪带在身上吧"，要是这样宣扬的话就是本末倒置了。在心烦意乱的时候，正因为是手头有枪才会酿成悲剧，如果只有积木的话，谁都不会送命。

——随地扔垃圾

松鼠将核桃壳扔到森林里。海獭将贝壳扔到大海里。超越"不想麻烦"的欲望，将垃圾袋带回家的就只有人类了。然而，没有人怀疑垃圾袋存的"正确性"，反而怀疑自己在做"麻烦事"。

再过5年，就会成功制造出能够自然分解的塑料材料。到那时候，也就不会再有人会对乱扔垃圾有罪恶感了。

除此之外，世上还有很多可笑的规则。长年来，没有人去怀疑这些规则"是否正确"，于是这个社会就变得不正常了。

一个黑人奴隶的笔记本上，有过这样一段记载：**"神啊，抱有'我想在床上睡觉'这个想法的我，是一个罪孽多么深重的人啊。"**

光　郎："想在床上睡觉"，这一点都不过分，很正常啊！

恶　魔：记住你刚才说的这个话。30年后，有人肯定会跟你刚才一样，对本座说些这样的话吧：

"想要爱更多的异性，这个想法没有任何的不正常"

"想随地扔垃圾，这个想法没有任何的不正常"。

奴隶制度被奉为是"正确的"那个年代的人的心情，对于生活在"正确性"已经被推翻了的现代社会的你们来说，肯定是无法理解的。

同样的道理，"婚姻制度""货币制度"目前都被奉为是正确的，于是你们抑制自己的"欲望"，然后说："神啊，抱有'我想使用左鼻孔呼吸'这个想法的我，是一个罪孽多么深重的人啊。"

巴比伦就是你的内心

光　郎：你不觉得，还是统治者是恶人吗？夜晚，把宿舍的玻璃全都砸个稀巴烂！彻底反抗巴比伦！

恶　魔：**破坏规则的人，会让规则更加强化**。你们所谓的"你的规则不正确"，不就是要主张"我的规则才是正确的"吗？**结果是，双方都在挥舞着"正论"这把剑。**

做的这些事情，与"善"的一派势力所做的事情不都一样吗？

本座要告诉你的是，要扔掉所有的"正论"。如果被称为"正论"的话，不管它是一把什么样的剑，都要把它扔掉！否则的话，你就会被"善"的一派的细菌所传染！只要触摸到"正论"，马上洗手，彻底洗干净！

如果你觉得其他的某一个人是"错误的"，那么那就是在挥舞自身的"正论"之剑了。

光　郎：那要怎么做才好呢？"统治者""世界""社会""自己""对方"，谁都没错的话，那我们到底要怎么做才好呢？

恶　魔：你们总是喊着"要怎么做才好"，一直从外部寻找答案！

对着总是以镜子关系出现的"世界"，你们在说：

"我要怎么办？"

"告诉我答案！"

"谁帮我选择一下！"

此时你们的愿望已经实现了，"把正确答案强加给你的人""让你服从的人""统治你的人"都会通过镜子反射，出现在社会上。**巴比伦孕育了你们人类的内心。**

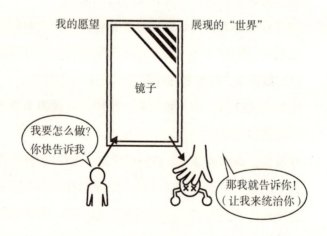

光　郎：原来是这样啊。我的这颗"在外侧寻找答案的心"才
是问题的根源啊。

"寻找原因的姿态"＝"请告诉我正确答案"，这种姿
态就是自己一直在说"我想被人统治"的意思啊。

恶　魔：这个世界上根本不存在什么原因，现有知道"愿意或
者解决办法"，开始寻找那些虚幻存在的人，就仅仅是
在为他们自己内心的巴比伦而感到痛苦。

"谁，帮我决定一下！"

"谁，统治我吧！"

"谁，把'正论'强加给我吧！"

就这样，你们自导自演，为巴比伦感到痛苦。所谓的
"善"的一派的势力，世界上根本就不存在。传播"正
确"教条的人，实际上也并不存在。**世界上唯一存在
的，就是总是追求"正确"教条的"wo"而已。**

光　郎：也就是说，追求外部的"正论"的态度，是所有痛苦
的原因？

"怎么办才好呢"这样的态度，意味着我一直在把自己的
控制权交给外界，然后自己还在为此感到痛苦？

恶　魔：自己来决定正确答案，是一件令人害怕的事情。**服从
某一个人的"正论"，还是比较容易做到的事情。**本座
第一次见到你的时候就对你说过，要对所有的"正论"
抱有质疑的态度；**要扔掉那些你已经知道了的"正论"。**

　　而且，不要再向外界寻求所谓的"正论"了。

　　想想这都多长时间没合眼了。

　　想睡觉的欲望，或许是想赶紧切换到不同的"wo"的冲动的一种体现吧。

　　想马上切换过去。

　　拿起铃声刺耳的手机，接听了电话，电话的内容让光郎脑海里浮现出这些想法。

健　次：光郎，我这可不是骚扰电话，我是很认真地在问你。

　　　　你是什么血型？快告诉我。

　　　　加代流被捅了一刀，急需输血。

　　恶魔还〇出狂言，说这个世界上根本不存在"恶"，现在的心情，真想杀了他。

恶魔的喃喃私语

传统教导

将"恶人"从这个世界上彻底清除！

想遵循他人的"正论"的
你所拥有的弱点，
让这个世界
离不开"恶人"的存在。

阁下的
不让"欲望"变成"恶行"的方法

···

世界上本来不存在"坏事""恶行""犯罪"，只有小的"欲望"。然而，害怕"正论"的人类，开始在心底抑制自己的"欲望"。

但是，越是抑制，这些"欲望"就越浮出表面，膨胀到一发不可收拾的地步。

终于有一天，出现了"犯罪"。

因此，在还没有膨胀的时候，就把"欲望"解决的话，就不会产生犯罪。

为此，我教你们如何来解决，抑制在自己心底深处的、自己都无法理解的"欲望"。

针对新闻或者电影里的"想要批判的犯罪"，对自己说"我也是这样的心情，我很能理解"。

自己一直遵循"正论"，抑制内心的"欲望"，一旦遇到有人若无其事地去做那些违反"正论"的事情，内心深处积攒的能量将会形成集中炮火。这种现象就是"批判"。

自己"想做的事情"，一直在内心深处压抑着，实际上，他们对那些若无其事地做着这些事情的人，充满了羡慕之情。

因此，面对想批判的事情，为了能够重新找回"这是我最想做的事情"的那个我，面对"恶人""恶行"，就对自己说："我也是这样的心情，我很能理解。我也想××啊。"

也就是说，要学会容忍"恶"！

在责怪出轨的妻子之前，先对自己说，"我理解你的心情，我也想爱更多的人"。在责怪不好好工作的员工之前，先对自己说，"我也很理解你的心情，大家都能够轻轻松松过日子的社会才是最好的啊"。不断对自己说"我也想做""我非常理解你的心情"。

所谓"恶人"，就是你眼前的他人，将你内心深处隐藏的"欲望"，表演给你看而已。把说法换一下就是，"'恶人'，就是为了你，在你面前做坏事给你看的人"，是为了唤起你的注意。因此，你要容忍恶行。对自己说"我原谅你"。

这样的话，你就会重新找回，因害怕"正论"而失去的"我也想做"的那个初心。在你的"欲望"变大膨胀之前，就能够将其解决。

第 13 章

不可能，是无法超越 "正论" 的人的狡辩

全宇宙最想去的地方就在眼前

"wo"，到底是怎么产生的？

开始的时候就在那里，结束的时候也已经消失了。

这种不可思议的现象，"wo"怎样才能解开谜团呢？

回头想一想，那个"wo"的人生旅途，已经很长了。不对，不知道是长还是短，我自己也弄不清楚。在"wo"这里，就只有"wo"的体验。总之，现在，只想有个人能够承认"wo"的存在，只想听一下谁的声音。

我的"名字"，随时能够将"wo"带回这个世界。

光　郎：加代流！！加代流！！你醒醒啊。

　　　　开开玩笑也就罢了！！加代流！！快醒醒啊。

　　　　眼、眼睛睁开了！！加代流！

加代流：我这是在做梦吗？

光　郎：是的，是在做梦。那种女人，赶紧把她忘了。你已经没事了，因为你身体里现在流淌着我非常健康有活力的血液。

加代流：这样啊，原来那并不是在做梦啊。

光　郎：什么啊，你说的不是这个"世界"的事情吗？你梦见什么了啊？

加代流： 小学时的事情。在那里总是有……

啊，算了吧，那些等梦中再跟你讲吧。那时候，你也
会在同一个"世界"里的。光郎，**你一定要超越所有
的"正论"。**

你总是那么认真。一起唱歌的时候，你总是要按照正
确的音调来唱，可最终还是跑调。

唱歌，只需要扯着嗓子喊就可以了。

光 郎： 你这是干什么啊，突然说这些。

加代流： 光郎，我是不是去不了牙买加了？

如果当我是你的朋友，就告诉我实话，不需要谎话。

光 郎： 如果是考医学的话，

去不了了。好像并不是因为血液不够。

加代流： 知道了……所有宗教所追求的最终的境界，就是这里
了吧。就是，如何让"死亡"变得温和。

"wo"最为害怕的就是"wo"自己的消失。就这一点
来说，我们的毕业论文，出现得太及时了。**因为所有
人类西装中的都是"同一个ONE"，所以不会有任何
东西会从宇宙中消失的。**

光 郎： 是的。我们不会失去任何一样东西。我，也就是"另
外一个你"，健次、鲍勃·马利，还有未来的"某个
人"，所有的人都是你。就是另外一个你，换了一种

形式，在体验某一个人的生活。

加代流：但是，我很害怕。现在，躺在这里，我心里真的很害怕。你要是"体验"了这里的话，一定会明白我现在的心情的。那些理论，在这里没有任何作用。真的很可怕。但是……

享受"恐怖"的方法，就是去感受恐怖，对吧？

那么，我就这样吧，就这样害怕下去吧。

光　郎：这要真是做梦的话，我多么想你能赶紧从梦里醒来啊。

加代流：是吗？我可不那么认为。

好不容易进入了梦乡，要享受"梦境"才对啊。

你想啊，所谓的"梦"，不就是非常非常想的事情，一遍一遍地祈祷，终于自己的愿望"得以实现的世界"吗？

这要真是在做梦的话，我希望永远都不要醒来。总会有人想体验，现在的、这样的"wo"吧。那个人，是不是在享受着这个体验呢。

光　郎：傻瓜，那个人，不就是你吗？

加代流：对啊，就是我自己啊。"I"的全部是"ONE"，"ONE"就是所有的"I"。我之前真的认为自己是鲍勃·马利转世，或许我真的作为鲍勃·马利投胎转世。

不是说，"过去"和"未来"没有什么前后顺序关系吗？

光　郎：　不但是顺序，这个世界的一切都是加代流你啊。

　　　　　现在，在跟你说话的我，也是加代流。

　　　　　这真是一个可怕的世界啊。

加代流：　也就是说，还是没有过去的"记忆"为好。而且，"未来"会发生什么也不能让人知道。**正因为是能够成功地忘记"过去"才会开怀大笑。正因为是不知道"未来"会发生什么才会充满乐趣。**接下来要发生的事情，如果都是公开的、非常清楚的话，这样的游戏我是绝对不会玩的。

　　　　　但是……只有一个遗憾，就是"活着的时候"，没能去牙买加。

光　郎：　不要再提这个事情了。另外的一个你，已经去了牙买加呢。

加代流：　**梦想不是用来实现的，而是现在正在实现。**我们几个，在梦中，拼命地想去实现自己的梦想，真的好幼稚啊。

　　　　　已经在实现了，在我们眼前，我们的梦想的"世界"已经展现开来。在我们的梦中，我们正在梦见更远的、不同的地方。而且，我们梦中看到的地方，一定会有一个不同的"wo"在那里。

　　　　　现在，正身处牙买加的那个人，他应该感谢眼前的幸福。因为，我的梦想就在那里得以实现了。

光　郎：　那你小子也要感谢眼前的这一切。因为有人的愿望，
　　　　　就是现在的"你"。

　　　　　"就算被怀疑是同性恋，也想在病房里与另外一个男
　　　　　人紧握双手"，因为有人抱有这样的愿望，"加代流"
　　　　　这件人类西装才会出现在这里。

加代流：　我们的毕业论文是不是太厉害了。世界上所有人的面
　　　　　前，他们的愿望 100% 都在实现，这是我们发现的理
　　　　　论啊。

　　　　　你和健次刚提出来的时候，这理论真的是很难相信
　　　　　啊！但是，这一点绝对是事实。

　　　　　**所有的人，在他们面前，愿望都 100% 得以实现。而
　　　　　且是已经在实现。**

　　　　　对此毫不知情的，却只有本人。

光　郎：　意识到这一点，立马就会变得更加幸福，但是却没人
　　　　　能真正意识到这一点。因为，**宇宙中最想去的地方就
　　　　　在眼前。**

加代流：　"光郎"，你不也能够帮助哪一个平行宇宙中的人实现
　　　　　它的愿望吗？

　　　　　就比如，为有 146 根小手指而困扰的宇宙人，他们祈
　　　　　祷着："手指缠来缠去，生活太艰难了。请把我带到
　　　　　只有 5 根手指的世界里吧。"所以在现在这个瞬间，
　　　　　"你"这件人类西装就被他穿上了。

光　郎：　是啊。我们应该感谢只有 5 根手指这个事实。也要感
谢健康这个事实，活着这个事实。

有 146 根小手指，亏你想得出来，很搞笑。

重点不在手指上，是吧？

加代流：　是的，是小手指。光小手指就有 146 根。

不愧是我的好哥们儿。这就是把血分给我的默契。

光　郎：　**所有的人，都是你的好哥们儿。**

因为在我们身体里的，都是相同的物质。

加代流：　是啊……

我，并没有恨玲子。

光　郎：　我知道。而且，玲子也没有恨你。"爱"和"恨"是
同一个能量的两个极端。从秋千法则来看，**"最喜欢
的人"的状态，正是为"成为最讨厌的人"而积攒能
量的状态。**

加代流：　那是个什么法则啊？那么，"最讨厌的人"的状态，
正是为"成为最喜欢的人"而积攒能量的状态吗？
的确是，就算是现在的这个状态，我还是会喜欢玲子
的。**在这个世界里来来去去，实际上哪里也没有去。**

光　郎：　是啊。秋千停下来的话，就意味着死亡啊。
真想告诉那些圣人们，"真相，会在秋千停止时出
现的"。告诉他们秋千的乐趣，这个虚幻的世界的乐
趣，尽情地恨、尽情地爱的乐趣，失声痛哭、放声大

笑的每一天的乐趣。

加代流：我还能再见到你们吗？

光　郎：当然能见到。而且"wo"就算分离消失，我们还是一个整体。光想一想，心里就特别难受啦。

加代流：**必须要分离了，想想不能再见，真的很不可思议。**

我多想，就算分开，也要和你们在一起……

光　郎：喂，加代流！！别停，你给我继续说啊。

把意识一直停在"wo"身上。

快，给我睁开眼啊！！

那些毫无内涵的话，我还想继续听！！我想听你到底能说到什么时候！这个世界上的所有的事情，都是毫无内涵的！！所以，我要你永远说下去！

喂，喂，你这样可不行啊！！赶紧给我回来！给我回到"某个人"的状态！

只有"一个人"的话，我什么都做不了啊！

你要让我能够行使"打人"这个能力啊！

为了我能够打你，你和我才分离开来的！

你就这样走了，我都不知道老天为什么要让我们相遇了！！

心电图这个秋千停摆的时候，整个世界是那么的寂静，比海底、比暴雪的深夜都要寂静。

包含了周围一切的"无声"，长时间包围着光郎。

医院门口的嘈杂、停车场驶过的救护车的警笛、音量开到最大的车内的音箱，对光郎来说都是无声的。

没有回家，来到了电影院的光郎，仍然感到周围都是无声的。

围绕在光郎身旁的这种寂静，好像把"世界"从"我"身边夺走了一样。

从电影院里出来，不知何时，光郎终于听到了声音，那正是他朝向飘着大雪的天空的嘶喊声。

光　郎：看一部已经知道剧情的电影，无趣得很啊，你这混蛋！！连一句台词都没落下，所有的故事情节都告诉了我！！

恶　魔：你再怎么叫喊也没用，谁都没错。

光　郎：你说的那些，我都明白。

恶　魔：那你怎么还在"拼命挣扎着"呢？

光　郎："拼命地挣扎着，还是不挣扎"，结果不都是"挣扎"的一种吗？求你了，别管我了，让我静一静。我想凭借自己的力量，改变这个无可救药的世界。

你不是恶魔吗？不能改变时间的流向吗？

恶　魔："想改变时间的流向"，你的愿望已经实现了。

光　郎：我是在问你，有没有切实的方法！！

恶　魔："想知道有没有切实可行的方法"，这个愿望也实现了啊。

光　郎：你那狗屁法则，我都明白！但是，就算我相信"加代流没有被捅一刀，还活着"，眼前，我的愿望并没有实现啊！

恶　魔：那是因为你并没有相信。而且，在真正相信的那个地方，相信的那一切都在如实地发生着。

光　郎：加代流没有被捅一刀，人还活着，难道有这样一个平行宇宙吗？要是真有的话，我想去那里！！求你了，带我去那里吧。

恶　魔：你已经去了。你的愿望已经在那里实现了啊。

在那里，有已经实现愿望的"另外一个你"。在这里，"想实现那个愿望的你"也都妥妥地成为现实了。

"无"的世界里有所有的声音

光　郎：你的这些歪理我都明白，总之，我就是想体验你说的那个世界。

恶　魔：你还在说歪理，这就说明你并没有明白那些理论。在那个世界里，在你身上，你说的"体验"已经在发生了。

光　郎：那为什么，我没有那份记忆呢？如果我真的"体验"

过了的话，在我的脑海里一定会留下记忆的！！

恶 魔：**所有事物聚集的那个场所，其实什么都没有。**

体验与体验之间相互抵消。

光 郎：完全不能理解。

恶 魔："看到的一方"与"被看的一方"合到一起的话，"看"这个动作不就消失了吗？

用数学数字来说的话，有"–30"和"＋30"的地方，就是"0"啊。但是，这里的"0"，并不代表"什么都没有"。在它里面，"–30"和"＋30"切实存在着。看起来是一个"无"的状态，但是里面切实存在着世间万物。

不是有句话叫作包罗万象嘛。"＋6"和"–6"如此，"＋7"和"–7"也是如此。"所有的正数"与"所有的负数"，"所有的主体"与"所有的客体"，"wo"的全部与"世界"的全部，所有的"快乐体验"与所有的"悲伤体验"，"温暖"与"寒冷"，"高"与"低"，所有具有相反性质的事与物，**它们同时存在于"现在"，但是它们之间又相互抵消，"现在"看起来又是一个"无"的状态。**

光 郎：这样啊……

"有加代流在的 2003 年的冬天"的记忆，与"没有加代流在的 2003 年的冬天"的记忆，不可能同时存在啊。记忆与记忆之间会相互抵消。就如**"热水"与"凉水"，**

只能分开来体验。

恶　魔：是的。而且，你"现在"毫无疑问地已经去到了那两个世界。你现在同时在"体验"那两个世界。神已经体验过了世间的一切。

相互抵消成为 0

+6 +7 "wo" 温暖 高
−6 −7 "世界" 寒冷 低

咔嚓

+6 +7 "wo" 温高
−6 −7 "世界" 冷低

光　郎：胡说八道，你都在说些什么啊！！

还是把我心中的怒火的原因"归咎"到谁的身上吧！

恶　魔：**那就"归咎"到恶魔身上吧。**

本座就是"恶"的代表，早已经习惯了被厌恶、被憎恨。本座甘愿接受全世界的"原因"。

光　郎：归咎到你身上？

恶　魔：真相的原理就是"谁都不'坏'"。但是，如果觉得过错在自己而感到痛苦的话，那就把过错归咎到恶魔身上吧。要是无法容忍那些不合理的事情，就把过错归咎到恶魔身上。

世界发生战争，是本座的错；世间还存在贫穷，也是本座的错；世界上有很多"坏人"，同样是本座的错；

拼命努力却没有回报，一个人独自落泪的夜晚，也是本座造成的；夺取不想失去的人的性命，也是本座的恶行。**所有的不如意都是恶魔的错。恶魔，就是"大恶"。**

光　郎：我知道，这些都不是你的错。但是，"谁都没有过错"这个说法，对人类来说绝对是无法接受的。这样的话，我多想把与加代流相遇的所有的记忆都抹去啊！！

恶　魔：这很简单，你们人类就是健忘的生物。你们人类总是会把"wo"之外的"wo"的所有记忆都忘得一干二净，并且享受着这个过程。不仅是"不同的我"的记忆，有时候你们还会将"去年的我"的记忆也忘得一干二净，忘掉过去的痛苦好好过着现在的生活。

与加代流的相遇，如果你想从头"彻底清除"的话，本座可以帮你实现愿望。但是，与此同时，你与本座相遇的记忆，也都将一并消失。

光　郎：啊？

恶　魔：本座开始施法了。

早晨，睁开眼睛，隐隐觉得一直到醒来为止，是一个别的 "wo" 在活着。那个 "wo"，好像有着跟现在不一样的容貌，生活在与现在不同的天空下，与不同的小伙伴在打闹着……这些记忆还隐隐飘在脑海里。这些模糊的记忆，随着似醒非醒的这段时间的逝去，也就完全消失了，如果说我这只是记忆的交错或者是对那种现象的误解，我也只能那么认为了。

但是，不知道为什么，有那么一天就特别想去确认一下这些是否存在——

有那么一天特别想去寻找一下，在世界的某个角落里是不是有什么 "证据"。

寻找 "wo" 生活在其他人生的证据。

就像那天，明明是第一次听那首歌，但是总觉得心里充满 "怀念之情"，彻底清醒了。

光　郎：克东，一大早的，你在听什么歌啊？

克　东：我也不知道啊。iPad 好像坏了吧，我什么都没碰，YouTube 的视频就自己在播放了啊。

光　郎：鲍勃·马利的歌啊。我以前也没听过啊，怎么觉得特别的怀念呢……

JahLive

下次讲演会的时候，我可以唱一唱啊。那什么，歌词是什么内容来着……

"I & I 知道的神，仍然活着

孩子们啊，神仍然活着 Selassie I……"

还是去问一下那个家伙吧。

说着，光郎拿起坏掉的 iPad，去了家附近的神社。

季节的变化也太快了吧，昨天好像还是寒冬腊月，而眼前则是耀眼的盛夏的阳光，热得就要倒下了。

在"冬天"和"夏天"之间，是不是有几天有另外一个"我"活在另外一个世界呢？现在的"我"，已经记不清过去那么多的不同的"我"了。

光　郎：喂，神仙，或者我是不是应该喊您阁下啊？

神　仙：你是从什么时候发现老朽的呢？

光　郎：跟我说"这是恶魔"，然后把一个奇怪的玩偶放到我面前，那个瞬间我就已经发现了。

　　　　那是我女儿扎拉麦在抓娃娃机上抓来的，况且我大学的时候又没画过魔法阵。

　　　　我只是装作不知道而已。

神　仙：老朽已经知道，你是"装作不知道"的。

　　　　老朽是神仙啊。没有什么事情是我不知道的。

光　郎：其实我也知道了"自己装作不知道这件事情已经被你
　　　　发觉了"。

神　仙：老朽也是，老朽也已经发觉了你已经知道你自己装作
　　　　不知道这件事情被老朽发觉了的这件事。

光　郎：您这是干吗啊，这么无聊的游戏您还这么带劲！

神　仙：这就是人生啊。"自己本来就是那样"，但是相互都装
　　　　作不知道。有时候故意忘记，有时候又在表演。

　　　　如果不隐藏全貌，无法"体验"的事情也是存在的。

　　　　比如你有办法同时体验"凉"和"热"吗？

　　　　既"高"，又"低"的地方，你能去吗？

　　　　显然是不可能的。你只能去到其中的"一极"。体验的
　　　　人，需要决定你要去哪"一极"。就像恶魔与天使不会
　　　　同时出现一样。**世间万物呈现成什么，全凭"看到的
　　　　人"而定。**同一件事情，有人看成"恶"，有人看成

"善"。就这么简单。

实际上，你说的那个恶魔，并不是老朽。

是老朽的另一个存在。

光　郎：但是，不是说所有的事情都是 ONE 的呈现吗？结果不
　　　　都一样啊？

神　仙：呈现的时候，"虽然是一个，但又不一样"，是这样一
　　　　种感觉吧。是同一个，但又不一样。不一样，但又是
　　　　同一个。

　　　　从能量的角度来看，恶魔的相反的概念是天使。老朽
　　　　已经超越了所有的二维世界。

　　　　主要取决于体验者，是从哪个侧面去看事情的，所有
　　　　的"世界"，也就是那么回事。

　　　　话说回来，你找老朽有什么事情？

除了没有的，其他的都在

光　郎：我有件事情想跟您了解一下。

　　　　明明是第一次接触一首歌或者一个地方，为什么会有
　　　　一种"非常怀念的感觉"呢？

神　仙：那不就是你们说的"有些事情还是不知道为好"的最
　　　　好的例子吗？

不正是因为有所隐藏，所以才会有"非常怀念的感觉"产生吗？

"感到怀念"，不就是因为"已经忘记了"才会有的感受吗？

光　郎：那倒是，要是一直记得是什么事情的话，也不会有"怀念的感觉"产生啊。

神　仙：那种"怀念"正是上天给你的礼物。送给那个装作已经失去那部分记忆的"你"。同时也是另外一个"你"送给你的礼物。

世间万物都是从一个"奇点"开始的。本是同宗同源，即便现在分散在不同的地方，也没有什么想不起来的记忆。只要你不是过于执着于"自己"，你就能马上想起任何一个人，另外一个完全不同的我。

光　郎：今天早晨的那首"感到非常怀念"的曲子，让我很是心情舒畅。

神　仙：那你就应该好好享受那份礼物。

所有不同的瞬间、不同的地方里，都有一个不同的"wo"，如果能够真正理解这其中的道理的话，那你就应该懂得享受眼前这个珍贵的"世界"。而不是其他的别的世界。

无须任何担心，在各个地方，都有在享受那个"世界"的小伙伴存在。

光　郎：是啊。正是"现在"，才是宇宙中最美好的"实现梦想的地方"啊。

神　仙：不管是什么样的"wo"，不管是什么样的记忆，都不会凭空消失的。宇宙的质量是不会发生变化的。不会比现在大，也不会比现在小。所以说，宇宙间不会失去任何东西。

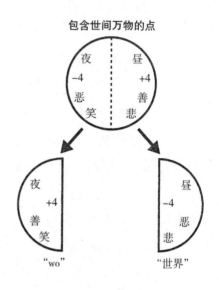

宇宙万物都是同时存在着的。只不过，有时候会以"分离"这种幻觉在玩耍而已。在那个世界里，**除了没有的东西，其他东西都在。除了有的东西，其他东西都没有。**

光　郎：包含世间万物的"奇点"产生分离，也是出现了"wo"和"世界"这两个不同的状态。

只有不存在的东西，看起来像存在一样。

相反，只有"一起存在的东西"，看起来才像不存在一样。

是这样吧。上天这可真是创造了一个相当麻烦的世界啊。

神　仙：原理就是这样的，没办法改变。当奇点一分为二的时候，自然就形成了"我这一边"和"世界一边"。在这个世界上能够看到的事物，都属于"世界"一边。总之，站在我的角度看向对面，看到的都不是共同存在的东西，也就是"不存在的东西"。

对"wo"来说，能看到的只有不存在的东西。

能够看到的东西，都在"世界"一边。

想要的东西，都在"世界"一边。

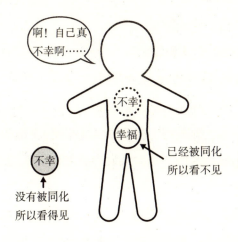

能够触摸到的东西都在"世界"一边。所有我们才能够看得见、摸得着，能够去想象。而且，只有看不见的东西，它们才能够总是在一起出现。例如"不想要的东西"，它们总是在一起出现，所以我们才对它们没有什么欲望。

你拥有所有自己没有的东西，你总是跟没有见到的人在一起，所以，老朽经常说不要去寻找什么"不足"。"已经拥有了"，只需相信什么都有了、很充足就可以了。

光　郎：你是说，要相信看不见的东西？

神　仙：你想啊，在"wo"这一边的东西，拿不出任何证据啊。**看不见，摸不着。你只能去相信"它确实存在"。**

光　郎：你这也太复杂了。

看见的，是虚假的；

听到的，是虚假的；

能够解释说明的，是虚假的；

能够感受到的，还是虚假的。

看不见、听不到、摸不着、闻不到、不能说明、不能想象的，这些才是"共同存在的东西"，这算怎么回事啊。

神　仙：这些都是原理，没办法，你只能相信和接受。这六个传感器，能够感知到"世界"一边。而且，"相信"这第七个传感器，能够感知到"wo"一边。**这个传感器能够给出"证据"，证明没有反应的东西也是存在的。**因此，根本无须去期待对方有什么反应。只需相信即可。相信自己拥有，相信一定能够见到想见的人。

不相信的人，一直在祈祷，

相信的人，都只是在表示感谢而已。

心中不要留有任何"正确"意见

光　郎：**"已经完成了"**

"已经拥有了"

"已经控制好了"

只需相信这些，将这些当成一种误解，你就能够对"我还没完成"这样的欲望完全放手。所谓的"欲望"，就是那些"还没有完成的事情"。

神　仙：没错。

只要能够对"我想拥有"这样的欲望彻底放手，你将会感受到"其实我拥有的更多"。

如果能够放弃"我想控制"这种认为自己不足的想法，你就能够发现，自己已经能够更好地控制事情的发展了。

只要能够扔掉"我想实现"这样的祈愿方法，你就会明白，你的愿望其实已经实现了。

只要对"我想改变世界"这种想法彻底释怀，你会发现世界"已经在发生改变"。这些，都是原理。

光　郎：理解了宇宙的原理，很多事情就变得很简单了啊。

　　　　你要能够放弃对外部世界的控制欲，一切都好办了。

神　仙：你好像是明白了，但是对你们人类来说，永远"分かれない"（译者注："理解"和"分开"对应的日语词汇都是"分"这个汉字）。

　　　　这里的"分かれない"有两层意思：

　　　　一个是"无法理解"的意思，一个是"无法从 ONE 中分离"的意思。

　　　　你们人类，永远"分かれない"，

　　　　这是宇宙送给你们的最宝贵的礼物了。

　　　　能够对此大彻大悟的话，就已经圆满了。

　　　　在你们心中，如果觉得"这就是正确答案""这就是准确无误的"的话，那么就不会再有更大的成长了。

　　　　那些"正论"正是毁掉你们人类各种可能性的罪魁祸首。

　　　　因为，所谓的"正论"正是对其他所有事情不信任的一种宣言。

　　　　对宇宙来说，就是被宣告死刑，不会再有成长。**因此，在你们心中，不要留有任何所谓的"正确"意见。**

　　　　一个都不要留。

　　　　老朽跟你说过的，你之前学过的所有的，对所有的"正论"抱有质疑的态度。

光　郎：原来如此……

自认为自己已经知道正确答案的那种态度，心里一直认为，在这个"世界"的哪一个角落里，一定有一个唯一"正确"的答案存在的那种态度，抹杀了其他所有的可能性。

神　仙：没错。**你们人类身上拥有无限的可能性。**但是，如果只相信"航空力学是正确的"的话，那么发展就到此为止了。

除了航空力学，还有其他各种让物体漂浮起来的方法，只信奉那一种"正确的理论"的话，科学是不会有新的发展的。

只要扔掉你大脑中存有的那些所谓的"正确的"物理学知识，从那个瞬间起，瞬间移动也是可以实现的，心灵感应也是可以应用的。

光　郎：我突然觉得没有什么事情是不可能的，只要放下心中的那些"正论"。

神　仙：任何事情都可实现。只要不去盲目信奉那些"正论"。爱迪生，连"1 + 1 = 2"都不曾相信。但是，老师拼命地告诉他，那就是"正确的"。于是，爱迪生拿来两个泥丸，然后对老师说："老师，您看，1 个加上 1 个，变成了'更大的一个'，而不是 2。"

你们人类什么都能做到。

对你们来说，没有什么不可能。

你们要穿越所有的"正论"。

不可能，就仅仅是没能超越"正论"的那些人，为自己辩解的借口而已。

扔掉只有一个"正确答案"的这一微小的"部分"，相信眼前的"世界"这一"整体"，那时，你就会感受到，虽然是部分，但它又是整体这一奇迹的发生。

为了"重回非洲"而掀起的拉斯特法里运动也产生了很多矛盾，引发了很大的冲突。虽然拉斯特法里运动发起者们身体里的 DNA 源自非洲，但是他们对现在一直居住的"牙买加"这块土地也产生了深厚的感情。

锡安是他们向往的圣地，但是他们也不舍得离开牙买加。

神的欲望是巨大的。

他想得到所有的东西。

而且，神还是相当任性的。

一定要将这两者都弄到手才能舒心。

就这样，"WO"和"另外一个谁"，分别作为不同的 ONE，一直到今天，作为"I"在"体验"世界上的所有场所。

正好在我的讲演会结束后的签字仪式上，一个小学生走来向我打招呼。

光 郎：哎呀，刚上小学，你这么厉害啊。能听懂叔叔说的话吗？

少　年："没怎么听懂"，但是我觉得挺有意思的。

我将来也要像叔叔一样，从舞台上俯瞰观众席。

光　郎：你的梦想，是不是就是"叔叔"我啊？

少　年：我的梦想可不是要变成叔叔的。

光　郎：不是，我是说呢，你睡着的时候，或许梦见过现在的
这个"叔叔"的情景。你睡着的时候，就跑过来；醒来
的时候呢，就跑回去了。

叔叔我睡着的时候做的梦，或许就是现在的你呢。

叔叔我，可是有很强的欲望的。**我不但想站在舞台上
俯瞰观众席，同时，我还一直想坐在观众席中，仰望
舞台上的自己呢。**要想实现这两个梦想，你觉得我应
该怎么做呢？

少　年：我想想啊，那是不是需要"wo"和"叔叔"两个人啊。

啊，我明白了。**我们两个，"轮流替换"做梦。**

光　郎：没错，而且更加不可思议的事情是，这些事情就在"现
在"竟然同时发生着。

即便是不触碰你，现在，"叔叔"正在做一个"你"的梦。

而你呢，现在，正在做一个"叔叔"的梦。

而且，在世界所有的地方都有我们的同伴。

这些同伴，他们"现在"同时，实现了一个共同的梦想。

少　年：因为是同伴所以才能够实现吗？

不知道为什么，我觉得我并不是第一次与叔叔相见。

光 郎：那么，我们一定是在哪里，一起相处过呢。因为世界
上所有的人都是以相同的物质组成的。我们都是被称
为 I & I 的一个 ONE。只是使用不同的"名字"在这
个世界上游玩。叔叔我这个"I"，被命名为光郎这个
名字。你叫什么名字呢？

少 年：我的名字叫，加代流。小学 3 年级。

光 郎：嗯，好名字啊。"加代流"小朋友。

少 年：很少听说的名字吧？

光 郎：是啊，是很少见的名字啊。

不过叔叔的朋友中也有一个
人叫加代流。

接下来我就要跟他一起去喝
酒呢。这可是我在札幌讲演
最期待的一件事。

讲演结束后，光郎回到舞台，回来取落下的东西。

非常宽敞的演讲大厅，当灯光都关掉以后，就完全感知不
到它的"大小"。而就在刚才，有上千个不同的"我"坐在这里。

大厅内变暗，只因为"座位"之间的分界线消失，就形成

了一个巨大、寂静的"无"的状态。

　　就在那"什么都没有""什么都有"的那个黑暗的空间的深处，似乎听到了瘆人的笑声。

　　"啊——哈哈哈，
　　你小子终于
　　超越了所有的'正论'啊。"

传统教导

尽量获取更多的"正论"。

对于质疑一切"正论"

的人来说，

没有什么是不可能的。

这个故事、这个世界
都仅仅是你个人的误解而已

waiting…

人类西装理论

札幌统合学院大学　社会信息系　永田研究室研究生

我是谁？

从这个最原始的疑问开始，所有的学问应运而生。

本研究室专注于"人类意识"的各种谜点，尝试使用思想实验构筑了"人类西装"理论。

世界上发生的所有的"wo"的面前，总是会同时出现一个"世界"。两者紧密联系，不可分割，"wo"不会单独发生，"世界"也不会单独发生。

被确认的一方＝"世界"和去确认的一方＝"wo"，总是同时发生。

人类西装概要

"世界"和"我"这两者之间的关系，就像一台体验假想现实世界的游戏机一样。当你按下启动按钮的时候，"世界"和"我"就会同时出现。"从睡梦中醒来"，就意味着"我"与"世界"已经启动。

现在，我们假设世界上有一件这样的人类西装。体验者进入自己"想体验"的人类西装中去，然后按下启动按钮。于是，"我"这一视点就开始运作。与此同时，在这台假象现实装置上，"世界"也会同时出现。当然，装置上出现的"世界"，不仅仅就是一个影像。

眼前的画面并不是一个平面的幕，它是立体的，而且你能够逼真地"感受"到屏幕上传来的香气、声音、疼痛、味道、心情等，这是一台万能的装置。

体验者在各种西装中选择了一件他"最想体验"的人类西装，穿上它时出现在装置上的"世界"，便是"我"最想看到的画面。简言之就是，**在"我"的面前，所有的愿望总是在不断地成为现实**。

"想要成为有钱人"的人的面前，"想要有钱（＝现在没钱）"这一体验成为现实。

"想要幸福"的人的面前，让你觉得"想要幸福"的那个现实就会持续发生。

这一点与创作了量子力学基本方程式的物理学家埃尔温·薛定谔的观点非常相似，即"观测者"与"观测对象"之间的关系。他认为，所有的观测对象（世界），都是观测者（我）所想象的（观测期待）。

正确的许愿方法（人类西装的操作方法 1）

祈祷"想成为有钱人"，"想成为有钱人"就会实现。

祈祷"想过得幸福"，"想过得幸福"就会实现。

你的愿望，能够 100% 地"如你所愿"，在你面前立刻实现，在这个理论之下，**越是祈祷"我想过得幸福"的人，他的身边越是会出现"现在不幸福"的现实这样的结果**。因此，正确的许愿方法不是"想成为""想做"，而是"已经成为""已经完成"。

不应该是"我想过得幸福"，而应该祈祷"我已经很幸福了"。

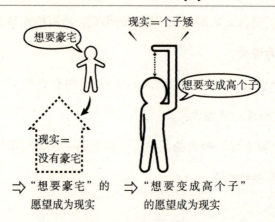

⇒ "想要豪宅"的　　⇒ "想要变成高个子"
愿望成为现实　　　　的愿望成为现实

不应该是"我想成为有钱人",而你应该祈祷"我已经很有钱了"。

根据量子力学的理论,眼前的"现实",就仅仅是对世界的误解而已。观测者怎么解释,看到的就是一个怎样的"现实"。因此,我们能够做的就是,对世界一直误解下去,认为"已经完成了""已经足够恶""已经很丰富了""已经控制住了""已经习惯了",等等。

本论文提出的这个正确的许愿的方法,也正是将人的目光转向"充足"一侧的方法。以往的许愿方法,都是让人的目光专注在了"不足"一侧。通过误解,将目光从"不足"转向"充足",这个现象就叫作"发现"。

学会放手(人类西装的操作方法 2)

令人觉得不可思议的是,只要放弃"想要更多"的心愿,你会发现其实自己拥有的已经很多了。而且,实际上"拥有很多"这个现实也开始在构筑了。

放弃"想要控制"的心愿,心里相信"已经控制住了"。这样,你就能够实际体验到已经被控制的世界。也就是说,比起"想要幸福的人",觉得自己"已经很幸福了的人",其实是

"真的幸福"。

当你理解了这个理所当然的理论后，你就不会再去祈祷"想要幸福""想要更多"了。因为，这个现实"世界"会100%地让"wo"的愿望立刻成为现实。

随着对思想实验的深入探讨，我们惊奇地发现，之前我们被教授的那些许愿的方法真是可笑至极。我们一直被告诫要改变眼前的"世界"，要祈祷眼前的"现实"能够发生变化。其实，这些都是错误的。放弃"想改变"的愿望，相信"眼前的世界是最美好的"，这才是让你的世界朝着更好的方向发展的原动力。

学会放手，世界将会变得更加美好。

循序渐进产生误解的模式（人类西装的操作方法3）

有人可能会反问道，祈祷"想成为"有钱人的一些人当中，实际上有的人真的成了大款。她祈祷"想成为"，而且"成功了"，这又怎么理解呢？

我们的理论中，没有例外。所有人的愿望100%在眼前得到实现。因此，那个人一定是在某一个时间点上，开始相信"自己已经成功"。因为她开始误解"自己已经成功"，所以她的眼前才会出现"已经成为有钱人"的这个现实。

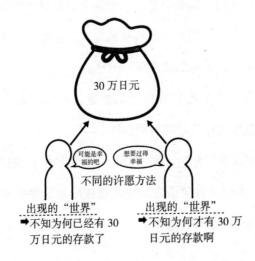

她的出发点，或许是"想成为"，但是她付出了很多努力，**通过那些"努力"，她开始一点点地产生误解，觉得"已经成功"。**

最开始，"已经成功"这种误解还完全是 0。

工作 1 年后，她开始产生误解"我开始有些钱了啊"。

5 年后，她开始相信，我在"逐渐变成有钱人"。

7 年后，她对自己说："已经工作 7 年了，我是不是'已经成功了'呢。"

而且，工作 10 年的时候，她以"我已经工作这么多年了"

为前提，"我已经成为有钱人了"终于完美地形成了误解。

于是，她的"我是有钱人"的这个误解成为现实，在她面前，有钱的这个"现实"已经构筑完成。因此，这个案例，结果也仅仅是"完美地形成误解"而已。

综上所述，本论文要传达的就是，通过下意识地进行误解，大大缩短通往成功的时间进程。

从"想成为"开始，相信"正一点点成功"，最终误解"已经成功"。本论文将全面主张缩短通往成功之路的时间进程的方法，那就是"感谢"之法。

感谢之法（人类西装的操作方法 4）

从"想要幸福"这一错误的许愿方法到"已经很幸福"的正确的许愿方法。

从"想成为有钱人"的错误的许愿方法到"我已经拥有了足够的东西"的正确的误解。

从"想要控制"的错误的许愿方法到"已经控制住了"的正确的误解。

能够加速"误解速度"的语言就是"感谢"。

在神社里许愿之前，首先说一声"感谢"。就这一声感谢，就能够让后面的话都朝着"充足"的方向转变。因为，像"感谢上天，希望发生好的事情"这样的表达，对我们来说并不合理。我们同样无法说"感谢上天，我想变得幸福"。"想过得幸福""想发生好事"这些表达，都不能接到"感谢"的后面。

只有你产生误解"已经有了"，才会有"感谢"之意。将焦点从"不足"转向"充足"，只需要你每次在许愿之前，加上一句"感谢"就可以了。

每次去神社的时候，每次要许愿的时候，都要记得先说一句"感谢"。

做到这一点，

"感谢上天，我已经很幸福了"

"感谢上天，我已经拥有很多了"

"感谢上天，我能够生活在这样一个有秩序的世界里"。

根据人类西装理论，所有的愿望都将自动转向"正确的许愿方法"。许愿之前，先加上一句"感谢"。请一定要记住这个简单的方法。

使用人类西装时的注意事项

随着研究的深入，我们发现，想要很好地体验"人类西装"

这一万能装置，有几个注意事项需要遵守。

1. 完全消除从前的记忆，形成一个对"只有这个我，才是我"深信不疑的状态；

2. 为了能够享受体验，需要一个二元级别；

3. 眼前的这个"世界"的故事内容，必须对体验者进行保密。

除了这些还有很多规则，我们总结出以下三点进行说明。

首先，第一点。理所当然的，游戏的满足感与投入度必须成正比。

日本的游戏厂商，倾尽全力让游戏体验者能够全身心投入到游戏的世界当中。同样的，如何能够让体验者完全投入到"人类西装"这一体验型装置中，是我们面临的一个最大的难题。

要创造出一个让体验者完全投入游戏中的环境，换句话说，就是让体验者不觉得自己是"**在玩游戏**"。体验者如果明确地感受到"这就是一个游戏"，那他是不会感受到其中的乐趣的。因此，我们必须要消除体验者进入人类西装之前的所有的记忆，让他对自己穿上的人类西装就是他本人这一现实深信不疑。

"我，昨天和前天都是山田太郎""我，没有穿人类西装"，你必须完全变成现在的这个"wo"。"人类西装"这一体验型装置，成功地制造出了完全的投入感。正在阅读这篇论文的你，已经完全投入到了"我是 × ×^{换成你的名字}"的世界当中了。

其次，第二点。电影或者游戏世界里，如果没有"级别"，体验者是不会尽情享受的。

如果每天从一大早开始，净是吃鹅肝、牛排、鱼子酱的话，那么体验者不但不能尽情享受，反而会觉得很痛苦。正因为肚子饿，才能体会到吃饭的喜悦。正因为有粗茶淡饭的存在，才能够体现出"豪华套餐"的高级。

我们的"人类西装"也是如此，**如果产生的都是幸福的体验的话，那么体验者就无法认识到眼前体验的就是"幸福"**。因此，为了提高体验者的满意度，我们在装置内部"世界"里设定了"级别"这一具有二元性质的功能。

"痛苦"，正是为了能够创造出"高兴"这一体验而存在的。正因为有了"坏事"，才能够意识到"好事"的存在。也就是说，虽然努力付出了，但是还有"悲伤的事情"发生，这一切就是为了将来有一天，体验者"wo"能够开怀大笑而准备的。

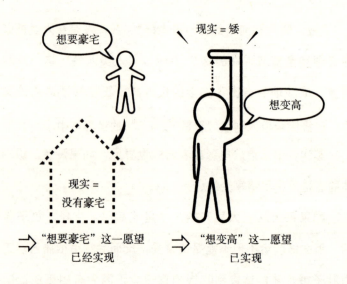

→ "想要豪宅"这一愿望
已经实现

→ "想变高"这一愿望
已实现

　　最后，第三点。电影都会有一个故事梗概。与此相同，我们的这个体验型装置也有一个故事梗概。何时、何地、何人、何事，都已经设定好。但是，如果让体验者知道"下一个场面，已经设置好了陷阱"的话，那他就无法享受这其中的乐趣了。陷阱，只有突然出现才会更加刺激。如果事前就知道有陷阱的话，那么陷阱的存在也就完全失去了意义。

　　我们的"人类西装"同样如此，因为体验者事先不知道故事的梗概，所以"急剧的变化""突然有一天"发生的不幸的事情，其实都是事先早已设定好的。

　　当然，虽然是不幸的事情，但是这些都是为了体验者的

"享受"而设定的，所以，要对接下来发生的事情充满期待，才是最为重要的。

人类西装达人（真正的操作方法）

以上，我们介绍了"wo"和"世界"同时启动的"人类西装"的操作方法，但是这些其实都无关紧要。**因为，本来就"没有必要好好操作"。**

"人类西装"最主要的目的就是"体验"。所谓"体验"，就是要经历所有的事情。"悲伤的事情""高兴的事情""痛苦的事情""快乐的事情""不顺的事情"，等等，只有主角经历过了这些无数的事情之后，才称得上是"体验"。

人类总是祈祷，希望只发生"快乐的事情"。但是，"悲伤"的正确享受方法，就是要感到"悲伤"。好不容易才遇到的"悲伤"，没有必要硬是要将其变为"笑""乐观的事情"。

那只是游戏的错误的享受方法。根据遇到的情况的不同，"享受的方法"也应该是不一样的。

悲伤的正确享受方法，就是要感到"悲伤"；

焦虑的正确享受方法，就是要感到"焦虑"；

害怕的正确享受方法，就是要感到"害怕"；

逞强的正确享受方法，就是要去"逞强"；

快乐的正确享受方法，就是要感到"快乐"。

总之，这个地球上的所有的人都已经存在了。世界上所有的人，今天同样挣扎在悲伤、痛苦之中。到目前为止，不管人类翻阅什么样的书籍，他们都无法学到"人生的正确操作方法""度过完美的人生的方法"，而这些正是游戏设计者送给人类的最高的礼物。

这个游戏不需要完美的人生，因此你大可放心。

你，总是完成得很好；

你，就是操控人生的达人。

你祈祷"想要完美地操控人生"，你的愿望在不断地成为现实。你，就是一个完美操控人生的达人。希望你能够反复思考这一点。

只要有"悲伤的事情"发生，你就应该表扬自己"已经充分地悲伤过了"；

只要有"痛苦的事情"发生，你就应该表扬自己"已经充分地痛苦过了"；

只要有"烦恼的事情"发生，你就应该表扬自己"已经充分地烦恼过了"。

在反复经历过这些之后，一定会迎来让你尽情"享受"的、有"好事情"发生的那一天。

总结

以上，我们论述了一个实际存在的理论，即"世界"这一万能的装置会在所有人面前启动，它可以 100% 实现"我"的愿望。

"wo"和"世界"的关系，我们使用一个通俗易懂的词语，将其命名为"人类西装"。我们使用像 SF 一样的思想实验方法，对这一理论进行了深入探讨，证明了这个理论与我们的现实生活非常的贴近。

就在今天，在全世界所有的"wo"的面前，都有一个与其成对称关系的"世界"，二者就像照镜子一样，相互呼应。

作为本论文的作者，我们三个研究生最大的愿望就是：所有的镜子映射出来的"世界"里都充满了笑容。

结束语——你所认为的"正确"真的正确吗？

当初，我将本书的题目确定为"恶"。

所谓"恶"又是什么呢？我当时想，如果能够找到"恶"的根本原因，也许就能够为那些因为罪恶感而感到痛苦的人提供一些帮助。于是，书的内容的基调就确定为"你，本来并不坏"，并从5月开始正式动笔写作。但是，内容却没有大的进展。写了改，改了再写，一直在徘徊。

我已经出版了8册书了，每一册中间的停笔时间，最长也就2-3周。但是，这一次，从5月到6月，又到7月，毫无进展。

"为什么这次如此的艰难？"

就在刚才，我才真正明白了其中的缘由（笑）。因为我把根本"不存在的东西"设定成了这次的题目，怎么可能写出东西来。"恶"，根本不存在于这个世界上。因为，只有我才拥有"恶"与"善"的决定权。

决定正确答案的人，如果不断向世界寻求正确答案的话，那么他只能永远徘徊在迷宫之中。但是，你如果要嘲笑这个，把"不存在的东西"设定为自己的题目、拼命在挣扎的"佐藤光郎"的话，还为时尚早。因为，这正是人类几千年来不断重复的"日常"。

他们不断向外界寻求所谓的正确答案，总是在寻找着"不存在的东西"。

例如，早晨，"wo"睁开眼睛醒来。这个"wo"是实际存在的吗？"wo"启动之后，眼前一定会出现一个"世界"。这个"世界"又是实际存在的吗？

"世界"和"wo"都是不存在的。这是脑科学、量子力学、最新的电影、过去的圣典等，都已经看破了的一个严肃的事实。于是，在这次的书里面，我将其称为"怀疑正论"，在这个主题下，为了让所有人都能够读懂，我设计了书的梗概。

在我写烦了的时候，曾尝试在脑海中与"恶魔"进行对话，但是失败了。

后来，我让大家都知道的"神仙"进入了我的书中，顺利地写完了。或许，神仙是真的存在吧。我在书中称他为"神""ONE""整体""奇点"，但是称谓无所谓，都只是神仙的表述方式而已。

整体，现在，正在同时扮演着所有的"部分"。

"你"就是"wo"，"wo"就是"全部"。

正因为这个世界非常复杂，所以人类才会继续活着去探究它的奥妙。

一切都是为了了解这个世界。但是，本书中的恶魔说，这个梦想是无法实现的。他说，没有什么事情是能够"明白"的。他还说，人类，"什么都不懂"，而且与任何物质都"无法分离"。

"不懂"，意思就是说，"答案"和"疑问"，实际上正在背后相互纠缠在一起。根本就不可能"明白"。但是，如果"答案"和"疑问"同时存在的话，双方都将站不住脚。有"答案"的地方，首先就不会有"疑问"。"答案"会将"疑问"抹杀掉。因此，我们只能准备分离这一错觉。为了能够"明白"那些"不可能理解的事情"，我们只能制造一个虚幻的世界。即"不明白"^{不能分离}就是使用"答案"和"疑问"的一个游戏。

本书中提到的"正论"，就是这里说的"答案"的部分。

实际上，这些都是不存在的。本来不存在，但是还要觉得它们是存在的，而且要在心中设有"正论"，否则的话你就无法享受这个世界。

对此，书中的恶魔，就心存疑问。

你心中所拥有的那些"正论"，都是绝对的吗？

不但是"善""恶"以及各种规则，1+1=2这样的"正论"，都是绝对的吗？你脑海里的记忆，都是"正确的"吗？

当然，心中抱有"正论"，并不是坏事。**但是有一点，"正论"，一定会与别的"正论"产生冲突的。**而且，所谓"正确"，就是"只相信一个"的宣言，也就意味着它把其他所有的选项都抹杀掉了。认为只有这条路"正确"的人,不管别人对他说什么,他都不会迈出脚步的。

但是,对"正论"产生怀疑之后,之前想都没想过的"地铁"和"大巴"竟然是近路,相信大家都有过这样的经历吧。

之前一直觉得只有"wo"才是"正确的"。但是,那种想法是错误的。对"正论"进行质疑,仅此而已,你就会发现"wo"是多么的渺小。你会发现自己把自己关在一个狭小的"世界"中,然后自己给自己加上一把锁。

本书中的恶魔威胁主人公时的口头禅就是"我让你立刻消失",意思就是要消除"正论"。

如果自己觉得受到了威胁的话,那就是对你来说,不希望自己的宝物"正论"被抹杀掉。自我总是会寻求安定。自己拥有的"正论"之外的东西,绝对不想接受。因为恶魔看透了有关自我性质的一切,所以他才会威胁你。

就在我写着笔下这些内容的此时此刻,我脑海里仍然没有关于"加代流"这个名字的记忆。但是,那个记忆也并非"正确的"记忆。

就像书中写的一样,人生中只有一次"记忆"丧失的日子。

就是早晨醒来的时候,淋浴一直开着的那天。煤气装置自动停止,最后喷出来的就只有"凉水"了。

跟朋友确认发生了什么,他告诉我,"你昨晚在卡拉OK店里大闹一场,累死我们了",但是"wo"却什么都记不起来。

而且，在听朋友说那些话的时候，也有一个"wo"产生了，"wo"到底如何来确认，"wo"不在的地方的"世界"呢？这种超乎寻常的话题，实际上现代物理学家们正在认真地探讨。

他们认为"观测者在观测之前，眼前什么都没有"。

"你"，创造了眼前"世界"的一切。

虽然表述有些散乱，但是如果这些能够传达给读者的话，也就满足了我的夙愿。因为不知道有关字数的"正确答案"，所以书写成了厚厚的一本，在这个连"我"的存在都无法做出科学解释的世界里，心中只有"正确的"金科玉律，扔掉了其他所有的可能性，我不想看到一个如此虚度人生的你。

像爱迪生一样，连"1+1=2"这样的"正论"也要尝试着去怀疑一番，尝试相信其他的"可能性"。

在完全超越了"正论"的那个地方，所有的"wo"在那里等着同伴的到来。

最后，我想说，本书比世界上任何一本书受到的关注都要多。众多的同伴，在世界各地祈祷着本书的"完成"。希望本书能够回报那些为我祈祷的同伴们，为他们的生活增添色彩。

不经意地看了一下日历。不知道是偶然还是必然，长时间陪伴我的这个稿件终于要离开我了，而这一天正是2017年8月14日。这一天是超越了所有"正论"离开了这个世界的父亲的忌日。

这是个偶然，也是个必然。不论哪一个是"正确的"，我都不想去相信。

佐藤光郎

于那霸老家、世界第一英雄的黑白照片前

阁下的
**恶魔伙伴
不断增加！**

致读完本书全部内容的你。

现在，长期盘踞在你内心的"正论"开始动摇。但是，明天你去了公司之后呢？和朋友聊天的时候呢？和家人谈心的时候呢？本座断定，你又会顽固地信奉那些"正论"。因为，你们人类是集体生活的生物，"一个人"脱离集体的事情是相当可怕的。而且，你被"善"的一派势力所纠缠，导致你失去了无限的可能性。

因此，依靠你自己的力量，不断增加周围的恶魔朋友！

就是那些质疑"正论"的朋友。当周围所有人都开始质疑"正论"的时候，你眼前的现实也将发生变化。

你"一个人"，是无法超越"正论"的。在你周围，使用你自己的表达方式，对周围的人说"那个'正论'是不是有问题"，不断增加恶魔朋友。

我不希望你只是把本书送给周围的人，最好能够制造一个讨论的机会。而且，如果你有勇气将本书作为礼物送人的话，我希望你不但把它送给亲人，也要送给你"讨厌的人""羡慕的人""让你觉得非常麻烦的人"。

那些人，是你心中"正论"的最后一座堡垒。原谅自己讨厌的人（恶人），奇迹就会发生。

最后，致敬爱的你。"善"的势力，已经得到了充分的蔓延。现在，世界上缺少的或许就是恶"质疑正论的勇气"。

正在读本书的你，请赐予本座力量。以你为中心，"恶"的军团反击的时刻终于来临了。

与"善"的一派不同，本座会一直保护你。鼓起勇气，开始质疑"正论"。你是无可取代的"恶"的部下。开始对抗社会的"正论"的小战士"你"，在向你表示感谢的同时，也向你输送黑暗之能量。

恶魔敬上

POINT "脱离"的英语表达为"DEVIATION"，是DEVIL的词源。从次元中脱离就称为"DEVIL"。你要"DEVIL"更多的朋友和正论。

图书在版编目（CIP）数据

与恶魔对话 /（日）佐藤光郎著 .—北京：东方出版社，2019.11
ISBN 978-7-5207-1001-5

Ⅰ . ①与… Ⅱ . ①佐… ②费… Ⅲ . ①心理学—通俗读物 Ⅳ . ① B84-49

中国版本图书馆 CIP 数据核字（2019）第 078822 号

与恶魔对话

（YU EMO DUIHUA）

作　　者：［日］佐藤光郎
译　　者：费晓东
责任编辑：刘　峥
出　　版：东方出版社
发　　行：人民东方出版传媒有限公司
地　　址：北京市朝阳区西坝河北里 51 号
邮　　编：100028
印　　刷：三河市金泰源印务有限公司
版　　次：2019 年 11 月第 1 版
印　　次：2019 年 11 月第 1 次印刷
印　　数：1—30 000 册
开　　本：880 毫米 ×1230 毫米　1/32
印　　张：12.75
字　　数：186 千字
书　　号：ISBN 978-7-5207-1001-5
定　　价：59.80 元
发行电话：（010）85924663　　85924644　　85924641